和秋叶一起学
Word Excel PPT 办公应用
从新手到高手

秋叶 刘晓阳 编著

人民邮电出版社

北京

图书在版编目（CIP）数据

和秋叶一起学：Word Excel PPT办公应用从新手到高手 / 秋叶，刘晓阳编著. -- 北京：人民邮电出版社，2022.8
ISBN 978-7-115-59250-7

Ⅰ. ①和… Ⅱ. ①秋… ②刘… Ⅲ. ①办公自动化－应用软件 Ⅳ. ①TP317.1

中国版本图书馆CIP数据核字(2022)第090843号

内 容 提 要

本书是指导初学者学习 Word/Excel/PPT 办公软件的图书，通过职场中常见的案例，介绍初学者需要掌握的 Word/Excel/PPT 常用功能及使用技巧。

全书分为 3 篇，共 11 章。"Word 办公应用"篇介绍办公文档的录入与编排、图文混排型文档的制作、表格型文档的创建与编辑、Word 样式与模板的应用、批量生成文档与邮件合并；"Excel 办公应用"篇介绍工作簿和工作表的创建与美化，数据的排序、筛选与汇总，数据透视表与图表的应用，函数与公式的应用；"PPT 设计与应用"篇介绍演示文稿的编辑与设计、动画设计与放映设置。

本书适合职场人士阅读，也可以作为职业院校相关专业的教材或企业的办公技能培训参考用书。

◆ 编　著　秋　叶　刘晓阳
　　责任编辑　马雪伶
　　责任印制　胡　南

◆ 人民邮电出版社出版发行　北京市丰台区成寿寺路 11 号
　　邮编　100164　电子邮件　315@ptpress.com.cn
　　网址　https://www.ptpress.com.cn
　　三河市祥达印刷包装有限公司印刷

◆ 开本：700×1000　1/16
　　印张：17.5　　　　　　　2022 年 8 月第 1 版
　　字数：286 千字　　　　　2025 年 2 月河北第 18 次印刷

定价：59.90 元

读者服务热线：(010)81055410　印装质量热线：(010)81055316
反盗版热线：(010)81055315

如何快速成为 Office 办公达人？

东风日产、中国平安保险、伊利集团、京东集团、微软（中国）等知名企业，都曾经找过秋叶团队，问能不能推荐精通 Office，特别是 PPT 做得好的大学毕业生来企业工作，待遇从优。可见学好 Office 三件套，可以让你在职场中获得更多的展示机会。

> **多学一点 职场冒尖**
>
> 有一种说法是精通一项技能需要 10000 小时的练习，这吓坏了太多人。根据我们的教学经验，Office 并不需要花费 10000 小时就可以精通。
>
> 原因很简单，Office 根本就没有大家想象的那么复杂，微软公司开发的 Office 三件套——Word/Excel/PPT 就是帮助用户提高工作效率的软件。
>
> 学习 Office 和学习高等数学这样的课程是不同的：学高等数学需要弄清楚为什么，所以要花很多时间思考；而学 Office 只需知道怎样做就足够了。掌握一个便捷的操作其实很快，快到只需要几分钟，而这个操作能替你节约非常多的时间。
>
> 如果学好 Word：
> - Word 文档里有很多不同级别的标题，如果一次性把标题的格式设置好，可以节约很多时间，而且还不会出错；
> - 插入表格或图片时，若使用自动生成编号功能为其编号，就算表格或图片有增加或删除，也不怕序号出错。
>
> 如果学好 Excel：
> - 给公司打印几百份员工资料明细时，1 小时就能完成；
> - 做一份通信录时，使用 Excel 的自动校验功能可以保证数据准确无误。
>
> 如果学好 PPT：
> - 能够做出吸引人的工作汇报 PPT，为职场表现加分；
> - 帮领导美化一下 PPT，领导自然会对你另眼相看。
>
> **多学一个小操作，职场冒尖一大步！**
>
> 每天只需要花几分钟时间学习，坚持一个月，你就可以看到自己的办公效率大大提升。面对这样的学习强度和难度，几乎所有人都能做到，重点是学了就能用，不容易忘记。

善用工具 脱颖而出

善于利用工具节约时间的人,更有可能在职场中脱颖而出。

有人会疑惑,Office 软件操作那么多,我是零基础的水平,如何能在一个月内完成从 Office "小白"到高手的转变?

秋叶团队推出的这本书,让你一看就懂,即学即用。

如果你在工作中总觉得 Office 用得不顺手,总是在做重复的操作,效率太低,不妨看看这本"宝典"。

特色鲜明 助力学习

案例为主,即学即用。

本书全面突破传统的、按部就班地讲解知识的模式,以实际工作中的案例为主,将 Word/Excel/PPT 的常用功能融入案例中。读者学起来不枯燥,学完就能解决工作中遇到的问题。

思路清晰,专家解密。

每节开始的"案例说明"和"思路整理"栏目可以帮助读者了解案例的使用场景、制作思路和主要涉及的知识点。有了对案例的"宏观"认知,在学习操作时思路会更清晰,达到事半功倍的效果。

图文并茂,易学易会。

在介绍具体操作的过程中,操作步骤配有对应的插图,使读者在学习过程中能够直观、清晰地看到操作的过程及效果,学习起来更轻松。

书中若有疏漏和不妥之处,恳请广大读者批评指正。

最后,我们还为读者准备了一份惊喜!读者可以用微信扫描下方二维码,关注公众号"秋叶 PPT",发送关键词"秋叶三合一",联系客服领取。

编者

第一篇 Word 办公应用

▷ 第 1 章 办公文档的录入与编排

1.1 制作会议通知 / 003

1.1.1 创建会议通知文档 /004
1.1.2 保存会议通知文档 /004
1.1.3 编辑会议通知文档内容 /005
 1. 快速录入，复制粘贴通知正文 / 005
 2. 快速整理，批量删除正文中的空格、空行 / 006
 3. 巧用 Word，输入落款和日期 / 008
1.1.4 修改会议通知文档的格式 /009
 1. 修改标题格式，使其居中对齐于文档中部 / 009
 2. 设置段落缩进，让通知正文段落划分清晰 / 011
 3. 修改落款和日期的对齐方式，让整份通知重心平衡 / 012

1.2 制作员工入职合同 / 013

1.2.1 编辑合同封面 /014
 1. 输入合同封面信息并修改格式 / 014
 2. 制作带下划线的基本信息 / 015
1.2.2 编辑合同正文内容 /018
 1. 对齐甲乙双方的基本信息 / 018
 2. 为合同条款添加正确的段落编号 / 019
 3. 精准对齐，借助制表位对齐双方信息 / 022
1.2.3 快速预览合同 / 023
 1. 快速浏览，使用阅读视图预览合同 / 023
 2. 快速定位，使用导航窗格跳转页面 / 023

▷ 第 2 章 图文混排型文档的制作

2.1 制作公司的组织结构图 / 025

2.1.1 奠定基础，插入 SmartArt 模板 / 026
2.1.2 设置缩进，调整组织结构的级别关系 / 028
2.1.3 一键导入，将文字转换为 SmartArt 图示 / 029
2.1.4 灵活调整，完成组织结构图的美化 / 030

2.2 制作公司宣传通稿 / 033

2.2.1 基础排版，为文档打"底妆" / 034
2.2.2 分栏排版，调整文档的版式布局 / 035
2.2.3 对比与重复，设置文档各部分的格式 / 036
2.2.4 图文混排，用图片制造视觉冲击力 / 040

第3章 表格型文档的创建与编辑

3.1 制作员工出差申请表 / 047

3.1.1 创建表格，制作出差申请表框架 / 048
　　1. 修改纸张方向 / 048
　　2. 插入合适行列数的表格 / 048
　　3. 合并单元格，完成框架的搭建 / 050

3.1.2 出差申请表内容的输入 / 051
　　1. 文字内容的输入 / 051
　　2. 添加控件，只要单击就可以输入日期 / 051
　　3. 插入单击就可以变为打钩效果的方框 / 053

3.1.3 调整表单中内容的对齐方式与间距 / 054
3.1.4 隐藏表格框线 / 056

3.2 制作公司内部刊物 / 057

3.2.1 调整文档的页面布局 / 058
3.2.2 绘制刊物的框架 / 059
3.2.3 调整单元格内容的格式 / 062
3.2.4 设计美化，提升视觉效果 / 065
　　1. 插入图片，设置图片的格式 / 065
　　2. 设置框线，美化线条 / 066

第4章 Word 样式与模板的应用

4.1 制作年终述职报告 / 071

4.1.1 使用样式快速统一排版 / 072
　　1. 新建"我的正文"样式 / 072
　　2. 修改软件内置的标题样式 / 075
　　3. 为文档内容套用样式 / 077

4.1.2 为各级标题添加编号 / 079
4.1.3 为文档快速生成目录 / 082
4.1.4 为文档添加页眉和页脚 / 083
　　1. 为奇偶页设置不同的页眉 / 084

2. 为目录和正文设置不同的页码格式 / 084
　　3. 插入封面，更新目录 / 088
4.2 借助联机模板制作商业计划书 / 089
　4.2.1 搜索并下载模板 / 091
　4.2.2 使用模板快速制作文档 / 093
　　1. 更换封面信息 / 093
　　2. 删除模板中不需要的内容 / 096
　　3. 编辑要替换的内容 / 097
　　4. 更新商业计划书的目录 / 099

▷ 第 5 章 批量生成文档与邮件合并

5.1 制作公司活动邀请函 / 101
　5.1.1 制作邀请函模板 / 102
　5.1.2 制作客户信息表 / 103
　5.1.3 批量生成邀请函，并批量发送邮件 / 104
5.2 批量制作公司设备标签 / 107
　5.2.1 制作设备标签模板 / 108
　5.2.2 制作设备领用信息表 / 111
　5.2.3 执行邮件合并，批量生成标签 / 112

第二篇　Excel 办公应用

▷ 第 6 章 工作簿和工作表的创建与美化

6.1 制作与美化员工信息表 / 117
　6.1.1 创建员工信息表 / 118
　　1. 新建工作表与工作簿 / 118
　　2. 录入员工信息表的文本标题 / 119
　6.1.2 美化员工信息表 / 120
　　1. 布局调整，优化表格的行高与列宽 / 120
　　2. 一键美化，套用表格格式美化表格 / 121
6.2 规范录入员工基本信息 / 123
　6.2.1 拖曳填充，批量录入员工工号 / 124

6.2.2 规范输入，正确录入员工入职时间 / 124
　　1. 按规范录入员工的入职时间 / 124
　　2. 设置单元格显示日期的格式 / 125
6.2.3 数据验证，高效录入固定范围的信息 / 126
6.2.4 数据验证，预防手机号多输漏输 / 127

▷ 第 7 章 数据的排序、筛选与汇总

7.1 工资表的排序与汇总 / 131

7.1.1 对单列工资数据进行简单排序 / 132
7.1.2 对表格数据进行自定义排序 / 133
　　1. 设置多个排序条件 / 133
　　2. 为文本型数据创建自定义序列 / 134
7.1.3 对工资表进行汇总统计 / 136

7.2 仓储记录表的筛选与分析 / 138

7.2.1 对仓储记录表进行简单筛选 / 139
7.2.2 对仓储记录表进行自定义筛选 / 140
　　1. 自定义筛选小于或等于某一数值的数据 / 140
　　2. 自定义筛选小于等于某个数值或大于等于另一个数值的数据 / 142
7.2.3 表格数据的高级筛选 / 143

▷ 第 8 章 数据透视表与图表的应用

8.1 制作销售数据透视表 / 146

8.1.1 创建数据透视表 / 147
　　1. 规范记录销售数据 / 147
　　2. 选择数据区域，创建数据透视表 / 148
　　3. 将字段放置在对应的区域，汇总各店铺 1~12 月的销售金额 / 148
8.1.2 设置值的汇总方式，按店铺统计商品的订单数量 / 151
8.1.3 调整值的显示方式，计算订单数量的环比 / 153
8.1.4 优化数据透视表的布局 / 154

8.2 制作销售数据图表 / 157

8.2.1 创建数据图表 / 158
　　1. 创建正确的数据表格 / 158
　　2. 选择图表类型并插入图表 / 158

3. 更改图表类型 / 160
8.2.2 快速美化图表 / 161
8.2.3 调整图表的布局 / 162
8.2.4 添加切片器让图表动起来 / 163

▷ 第 9 章 Excel 函数与公式的应用

9.1 制作员工综合能力考评成绩表 / 170

9.1.1 创建超级表格 / 171
9.1.2 计算员工考评成绩 / 171
 1. 用 SUM 函数计算员工的成绩总分 / 171
 2. 用 AVERAGE 函数计算员工的平均分 / 173
 3. 用 RANK 函数计算员工的成绩排名 / 174
 4. 用 IF 函数判断员工考评是否合格 / 176
9.1.3 突出显示员工的成绩情况 / 178
9.1.4 将员工考评总分呈现为条形图 / 179

9.2 制作员工奖金明细表 / 180

9.2.1 计算员工工龄补贴 / 181
 1. 使用 DATEDIF 函数计算工龄 / 182
 2. 根据工龄计算工龄补贴 / 182
9.2.2 计算员工绩效奖金 / 184
9.2.3 引用员工岗位津贴 / 186
9.2.4 完成员工奖金明细条的制作 / 189

第三篇 PPT 设计与应用

▷ 第 10 章 演示文稿的编辑与设计

10.1 制作年终总结演示文稿 / 197

10.1.1 创建并保存年终总结演示文稿 / 198
10.1.2 插入形状线条，制作封面页版式 / 199
10.1.3 制作目录页版式 / 202
10.1.4 制作章节页版式 / 206
10.1.5 设计内容页版式 / 209
10.1.6 套用版式快速制作幻灯片 / 211

1. 制作封面页和目录页 / 211

2. 制作章节页和结束页 / 213

3. 制作文本型的内容页 / 213

4. 制作图文型的内容页 / 214

10.1.7 修改幻灯片的字体搭配方案和配色方案 / 216

1. 修改幻灯片的字体搭配方案 / 216

2. 修改幻灯片的配色方案 / 218

10.2 套用模板制作员工培训演示文稿 / 219

10.2.1 利用联机搜索功能创建文档 / 220
10.2.2 删除不需要的页面 / 221
10.2.3 修改封面页和结束页 / 225
10.2.4 修改目录页和章节页 / 226
10.2.5 修改文字型内容页 / 228
10.2.6 修改图片型内容页 / 231

第 11 章 动画设计与放映设置

11.1 企业宣传演示文稿的动画设计 / 234

11.1.1 为幻灯片添加切换效果 / 235
11.1.2 为页面元素添加对象动画 / 239

1. 为元素添加进入动画 / 239

2. 设置对象动画自动播放 / 240

3. 为元素添加强调动画 / 242

4. 为元素添加路径动画 / 245

11.1.3 为页面元素添加交互动画 / 247

1. 添加超链接动画 / 247

2. 添加触发器动画 / 248

11.2 项目路演演示文稿的放映设置 / 254

11.2.1 为幻灯片添加备注 / 255

1. 添加只有演讲者可以看到的备注 / 255

2. 进入演示者视图查看备注 / 257

11.2.2 提前演练，做好彩排 / 260
11.2.3 调整演示文稿的放映设置 / 262
11.2.4 将演示文稿导出 / 267

第一篇 Word 办公应用

- 第1章　办公文档的录入与编排
- 第2章　图文混排型文档的制作
- 第3章　表格型文档的创建与编辑
- 第4章　Word 样式与模板的应用
- 第5章　批量生成文档与邮件合并

Word Excel PPT

第 1 章
办公文档的录入与编排

Word 2021 是微软公司 Office 办公套件中强大的文字处理软件。本章通过制作会议通知、制作员工入职合同两个案例,系统讲解 Word 软件的录入与编排功能。

扫码并发送关键词"秋叶三合一",观看配套视频课程。

1.1 制作会议通知

📖 **案例说明** >>

会议通知指会议准备工作基本就绪后,为方便与会人员提前做好准备而发给与会人员的通知。

会议通知文档制作完成后的效果如下图所示。

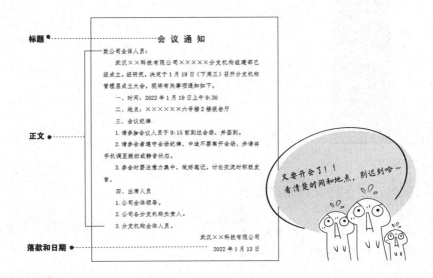

🚩 **思路整理** >>

会议通知往往都是一页文档,其结构简单,包含标题、正文、落款和日期。会议通知文档的制作主要涉及文本的录入与格式的修改,制作思路和涉及的主要知识点如下图所示。

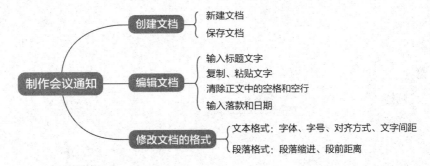

1.1.1 创建会议通知文档

在开始编排会议通知文档之前,我们需要创建一个空白文档。

打开 Word 软件之后,在软件窗口中单击【空白文档】选项,如下图所示,即可快速完成空白文档的创建。

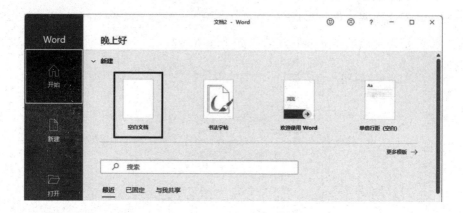

1.1.2 保存会议通知文档

创建好空白文档之后,需要将文档保存在对应的文件夹中,防止在后续编辑过程中因操作失误而丢失文档。

⇨ 第一次保存会议通知文档

在空白文档窗口中,❶按【F12】键打开【另存为】对话框;❷在对话框中打开对应的文件夹,然后在【文件名】文本框中输入"会议通知";❸在【保存类型】中选择"Word 文档(*.docx)";❹单击【保存】按钮,完成会议通知文档的第一次保存。

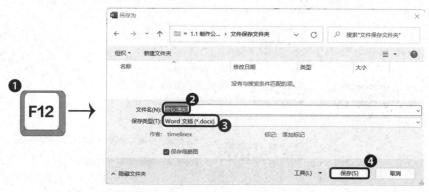

⇨ 在编辑过程中保存文档

在编辑文档的过程中，应养成随时保存文档的好习惯，按快捷键【Ctrl+S】就可以快速完成文档的保存，此时标题栏中文件名的右侧会出现"已保存到这台电脑"的字样。

1.1.3 编辑会议通知文档内容

会议通知文档的新建和保存操作完成之后，就可以开始编辑会议通知文档的正式内容了。会议通知一般分为标题、正文、落款和日期3个部分，输入完一部分内容之后，需要按【Enter】键换行，再进行下一部分内容的输入。

1. 快速录入，复制粘贴通知正文

01 将光标定位在文档左上方的第一行，输入"会议通知"4个字，完成后的效果如下图所示。

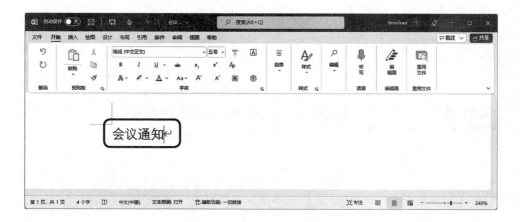

02 打开素材文件夹中的"会议通知.txt"文件，按快捷键【Ctrl+A】全选所有文本内容，再按快捷键【Ctrl+C】复制文本内容。

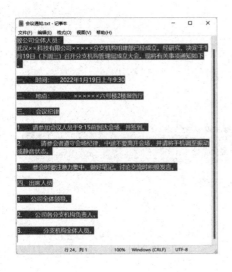
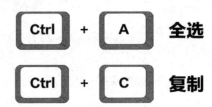

03 返回会议通知 Word 文档中,按【Enter】键让光标换行,然后按快捷键【Ctrl+V】将复制的文本内容粘贴在文档中,如下图所示。

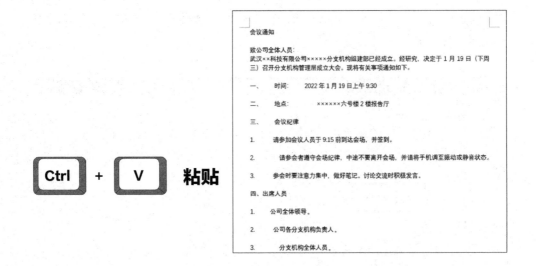

2. 快速整理,批量删除正文中的空格、空行

从其他文件中向 Word 文档中复制粘贴内容时,经常会出现很多空格和空行。此时可以使用"查找和替换"功能批量删除它们,具体操作如下。

01 ❶按快捷键【Ctrl+H】打开【查找和替换】对话框，❷单击【更多】按钮展开完整的界面，❸取消勾选【区分全/半角】选项。

02 ❶将光标定位在【查找内容】文本框中，输入"^w"（其中"^"需要同时按【Shift】键和键盘上方的数字键【6】输入）；在【替换为】文本框中什么都不输入；❷单击【全部替换】按钮；❸此时软件会弹出对话框提示完成了多少处替换，单击【确定】按钮，完成空格的替换。

03 再次按快捷键【Ctrl+H】打开【查找和替换】对话框，❶在【查找内容】文本框中输入"^p^p"（^p 代表一个段落标记，两个段落标记连在一起产生一个空行）；❷在【替换为】文本框中输入"^p"；❸单击【全部替换】按钮执行替换操作；❹在弹出的提示对话框中单击【确定】按钮。

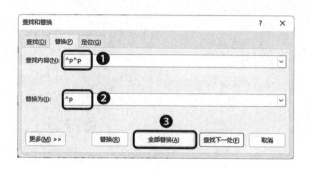

3. 巧用 Word，输入落款和日期

01 将光标定位在通知内容的最后，按【Enter】键，在下一行输入企业名称，效果如下图所示。

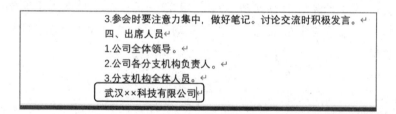

02 按【Enter】键，将光标换至企业名称的下一行，❶单击【插入】选项卡，在功能区中单击【日期和时间】图标，在弹出的【日期和时间】对话框中❷选择日期格式，❸单击【确定】按钮，❹就可以快速插入当前的日期。

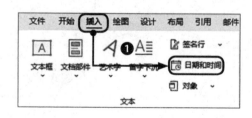

3.参会时要注意力集中，做好笔记。讨论交流时积极发言。
四、出席人员
1.公司全体领导
2.公司各分支机构负责人。
3.分支机构全体人员。
武汉××科技有限公司
2022 年 1 月 13 日

1.1.4 修改会议通知文档的格式

1. 修改标题格式，使其居中对齐于文档中部

会议通知中标题的字号应比正文内容的字号大，而且标题需要对齐到文档中部，因此需要对标题的字体和段落格式进行设置。

01 将鼠标指针移动到通知标题所在行的左侧，当鼠标指针变为箭头形状时，单击即可快速选中标题内容，如下图所示。

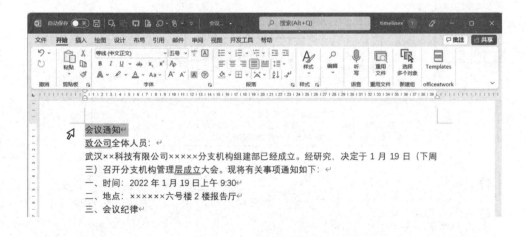

02　在【开始】选项卡中❶修改标题字体为"黑体",❷修改字号为"小二",完成字体格式的修改。

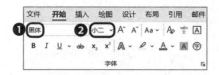

03　❶修改对齐方式为"居中",❷调整文字宽度为7字符,❸完成后的效果如下图所示。

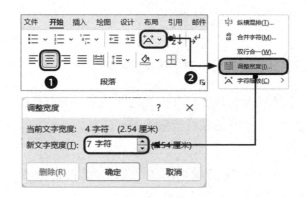

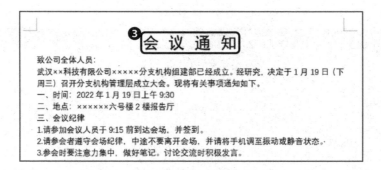

> 小贴士
>
> 　　利用【调整宽度】功能可以调整文字间距,这样就不用靠输入空格来调整文字之间的间距了。

2. 设置段落缩进，让通知正文段落划分清晰

通知正文一般分为抬头与通知内容两个部分，通知内容需要设置段落缩进，操作如下。

01 选中通知标题之外的所有内容，❶修改字体为"仿宋"，❷修改字号为"三号"，❸完成后的效果如下图所示。

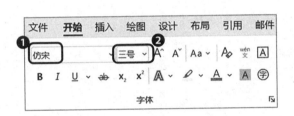

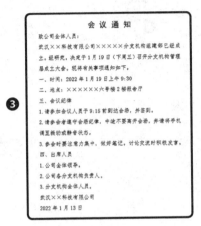

02 选中所有通知内容，❶右键单击，在弹出的菜单中选择【段落】命令，打开【段落】对话框；❷设置首行缩进为"2字符"；❸单击【确定】按钮，❹设置完成后的效果如下图所示。

3. 修改落款和日期的对齐方式，让整份通知重心平衡

01 选中落款和日期，在【开始】选项卡中，❶修改落款和日期的对齐方式为右对齐，❷完成后的效果如下图所示。

02 选中落款，右键单击，在弹出的菜单中选择【段落】命令。

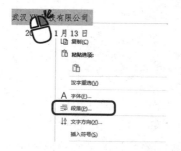

03 ❶在【段落】对话框中修改段前距离为"1行"，❷单击【确定】按钮，❸完成段落格式的设置。

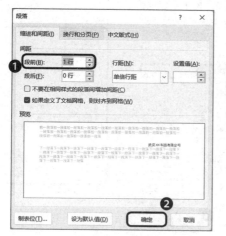 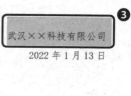

至此，会议通知文档就做好了。最后千万要记得，按快捷键【Ctrl+S】保存排版好的会议通知文档。

1.2 制作员工入职合同

案例说明

员工入职合同是办公中常用的文档类型，一般情况下采用劳动部门制定的固定格式文本，公司应在遵守相关法律法规的前提下，根据自身情况，制定合理、合法、有效的劳动合同。

员工入职合同制作完成后的效果如下图所示。

思路整理

合同包含合同封面、合同正文与合同落款。合同主要的制作难度在于封面基本信息的下划线制作，合同正文各部分的编号设置，以及双方信息的并列水平对齐。制作思路和涉及的主要知识点如下页图所示。

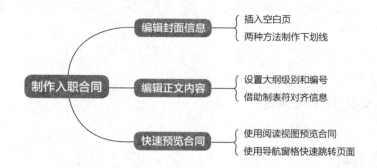

1.2.1 编辑合同封面

Word 软件为我们提供了很多封面模板，但都不适合用在合同这种相对严肃的文档中，所以我们需要从零开始制作合同封面。

1. 输入合同封面信息并修改格式

01 ❶将光标定位在合同正文的最前方，❷在【插入】选项卡中单击【空白页】图标，❸即可快速在正文前插入空白页面，效果如下图所示。

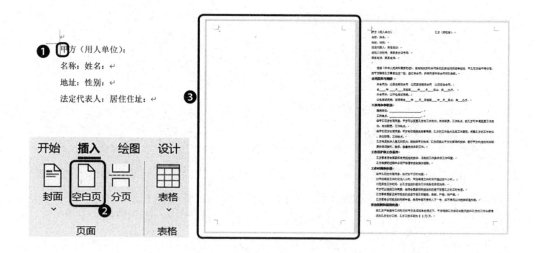

02 ❶将光标定位在空白页的第一行，输入"编号："及 10 个空格；在编号下方空 5 行，然后输入标题"劳动合同书"；在标题下方空 15 行的位置依次

输入"单位名称:""员工姓名:""签订日期:"。❷选中"编号:"后的10个空格,按快捷键【Ctrl+U】,可以看到"编号:"右侧出现了下划线;❸选中除标题之外的所有内容,设置字体为"宋体",字号为"四号"。❹选中合同标题,修改字号为"48",修改字型为"加粗",❺修改对齐方式为居中对齐,效果如下图所示。

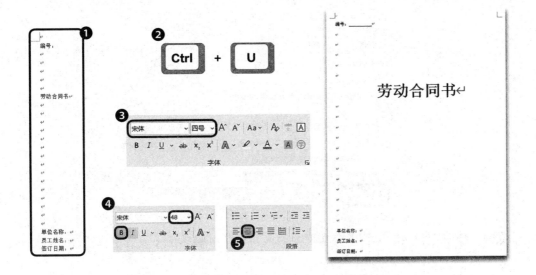

2. 制作带下划线的基本信息

01 ❶选中需要添加下划线的段落,右键单击,❷在弹出的菜单中选择【段落】命令。

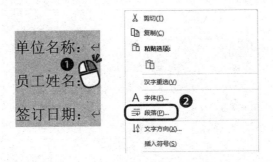

02 在打开的对话框中单击【制表位】按钮，打开【制表位】对话框。

03 ❶在【制表位位置】文本框中输入"12"，❷单击【设置】按钮。

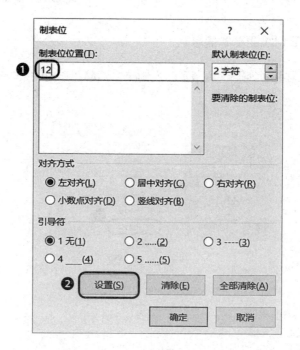

04 ❶修改数值为"34",❷在下方的【引导符】选项组中选择【4】选项,❸单击【设置】按钮,❹单击【确定】按钮,完成制表位的设置。

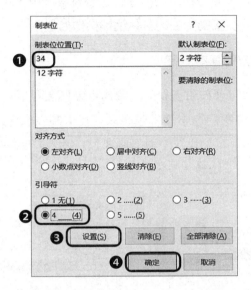

05 将光标定位在"单位名称:"左侧,按【Tab】键,快速将内容对齐到页面的12字符处,将光标定位在冒号右侧,再次按【Tab】键,就可以制作出带有下划线的效果。重复上述步骤,完成"员工姓名""签订日期"的对齐与下划线的制作,效果如下图所示。

> **小贴士**
>
> 这里出现了两种不同的下划线的制作方法:第一种是先输入空格,然后设置下划线格式;第二种是先为段落设置带有下划线的制表位,再借助【Tab】键插入制表符。第一种方法适用于单一段落的下划线制作,而第二种方法适用于连续多个段落的下划线制作,优点是可以精准控制下划线的位置和长度。

1.2.2 编辑合同正文内容

合同正文中包含了多个板块的内容,需要对各个板块进行编号,这样才能更方便我们定位信息。正文部分的具体编排操作如下。

1. 对齐甲乙双方的基本信息

01 甲乙双方信息的对齐和下划线的制作可以参照封面页基本信息的制作过程,只不过这次需要我们选中基本信息后,在【制表位】对话框中分别在 22 字符、24 字符和 46 字符处设置左对齐制表位。特别需要注意的是,22 字符和 46 字符处的制表位需要选择 4 号引导线。

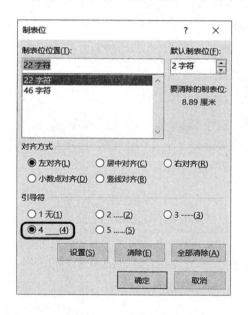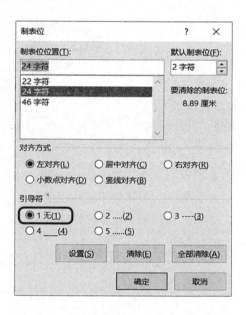

02 将光标定位在甲方信息的"名称:"右侧,按两次【Tab】键插入两个制表符;然后将光标定位在乙方信息的"姓名:"右侧,按一次【Tab】键插入一个制表符,完成第一行信息的对齐,完成后的效果如下图所示。

03 依次在下方段落中对应的位置插入制表符，完成下划线的制作与内容的对齐，完成后的效果如下图所示。

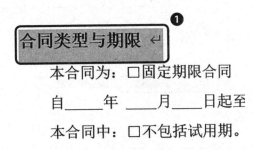

2.为合同条款添加正确的段落编号

01 ❶选中任意一个板块的标题，❷在【开始】选项卡中单击【选择】图标，❸在弹出的菜单中选择【选择格式相似的文本】命令，快速完成各板块标题的选择。

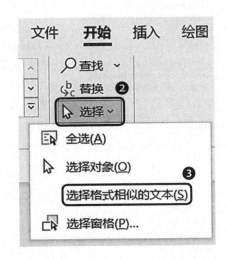

02　❶右键单击任意标题，❷在弹出的菜单中选择【段落】命令。

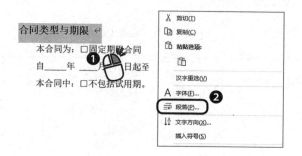

03　打开【段落】对话框，❶修改大纲级别为【1级】，❷单击【确定】按钮完成大纲级别的设置。

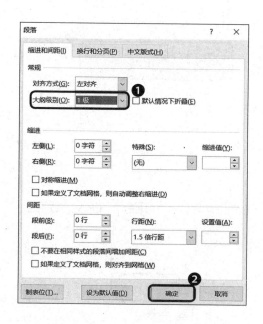

04　❶在【开始】选项卡中单击【编号】图标右侧的下拉按钮，❷在弹出的菜单中选择【编号库】中第二行第一个选项，为各板块的标题添加编号"一、""二、""三、"，效果如下页图所示。

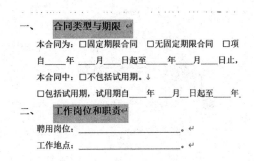

05 按住【Ctrl】键，同时选中每个板块下的正文内容，❶在【开始】选项卡中单击【编号】图标右侧的下拉按钮，❷在弹出的菜单中选择【编号库】中第一行第二个选项，为所有的正文内容添加"1.""2.""3."的编号，效果如下图所示。

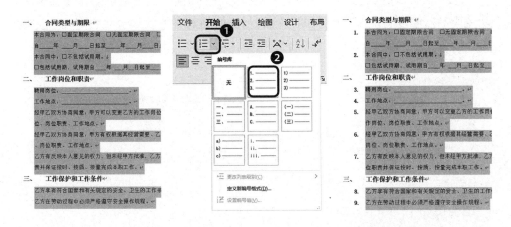

以第二个板块"工作岗位和职责"为例，在添加编号后该板块的编号是从 3 开始的，所以我们还需要调整编号的顺序，让每个板块的编号从 1 开始。

06 ❶右键单击出错的编号，❷在弹出的菜单中选择【重新开始于 1】命令，编号就会自动从 1 开始。剩下板块的编号的调整重复上述操作即可，❸完成后的效果如下页图所示。

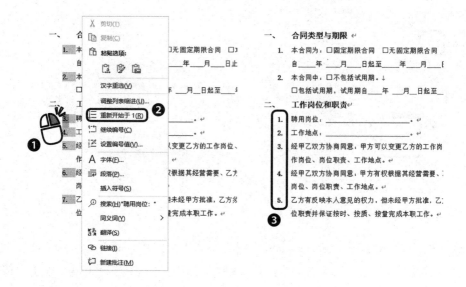

3. 精准对齐，借助制表位对齐双方信息

合同落款的信息也需要并列水平对齐，同样借助制表位和【Tab】键就可以完成。需要注意的是，"日期"行的制表位的对齐方式要选择右对齐，完成后的效果如下图所示。

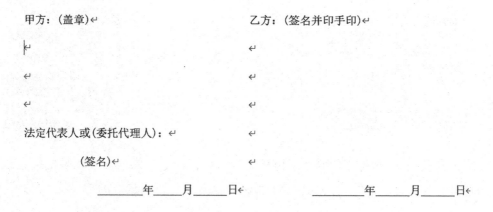

至此，入职合同就制作完毕了，不要忘记使用快捷键【Ctrl+S】保存文档。

1.2.3 快速预览合同

1. 快速浏览，使用阅读视图预览合同

完成合同的制作之后，如果想要快速浏览合同，则可以在【视图】选项卡中单击【阅读视图】图标，进入阅读视图进行快速浏览，按【Esc】键即可退出阅读视图。

2. 快速定位，使用导航窗格跳转页面

如果想快速定位到合同中某一个特定的板块，❶则可以在【视图】选项卡中勾选【导航窗格】选项，此时就会在窗口左侧弹出【导航】窗格。因为提前设置了标题的大纲级别，❷所以板块标题会显示在窗格中，单击标题就可以快速定位到对应的内容，十分方便。

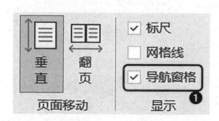 

第 2 章
图文混排型文档的制作

在 Word 文档中,不仅可以输入文字,还可以插入图片增强文档的视觉表现力;而逻辑性强的文字可以通过 Word 软件中的 SmartArt 功能转换为逻辑图示,更为直观地呈现文字内容。本章将通过制作公司的组织结构图和制作图文并茂的公司宣传通稿两个案例,讲解 Word 图文排版的功能。

扫码并发送关键词"秋叶三合一",观看配套视频课程。

2.1 制作公司的组织结构图

案例说明

公司组织结构图属于逻辑图示类型,从公司组织结构图中,可以清晰掌握公司流程运转、部门设置及职能规划等信息。编写公司组织结构框架后,为了明确组织分工、从属关系、职责范围,可以用 SmartArt 功能制作公司组织结构图。完成后的效果如下图所示。

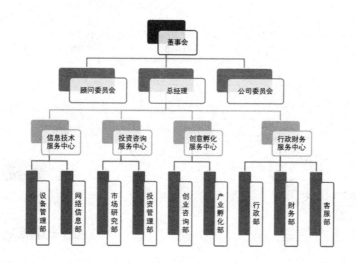

思路整理

在制作公司组织结构图之前,需要先搞清楚公司内部各组织之间的从属关系,然后选择合适的 SmartArt 图示进行呈现,制作思路及涉及的主要知识点如下图所示。

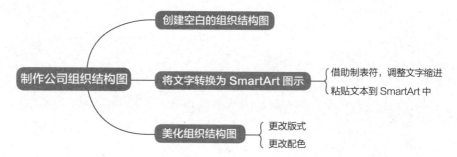

2.1.1 奠定基础，插入 SmartArt 模板

想要在 Word 文档中制作组织结构图，第一步就是要利用 SmartArt 功能插入一个空白的组织结构图以搭建好框架，具体操作如下。

01 在【插入】选项卡中❶单击【SmartArt】图标，❷在弹出的对话框中切换到【层次结构】，❸选择【组织结构图】，❹单击【确定】按钮。

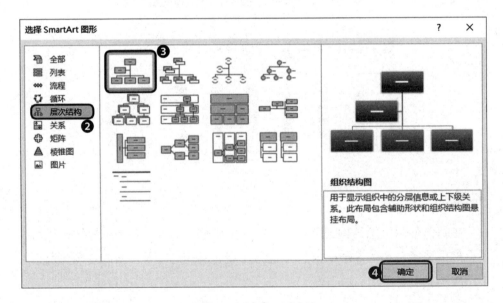

> **小贴士**
>
> SmartArt 中一共有 8 种类型，150 多个图示，在进行选用的时候有两种方式。第一种是先判断文字之间的逻辑关系，再选择合适的类型；第二种是根据 SmartArt 图示的外观进行选择。

02 此时文档中就会出现一个组织结构图的空白逻辑图示，效果如下图所示。在左侧的【在此处键入文字】窗格中输入文字，即可快速制作一个组织结构图。

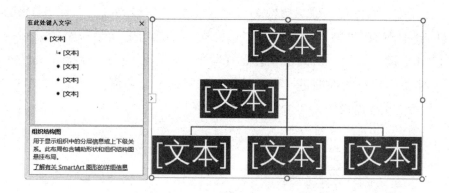

03 如果想要调整模板的显示效果，可以在【SmartArt 设计】选项卡中❶单击【添加形状】图标，在弹出的菜单中选择相应的命令添加形状，❷单击【升级】或【降级】图标调整形状的级别，❸单击【上移】或【下移】图标调整同级别形状的顺序，❹单击【从右到左】图标调整生成图示的左右顺序，❺单击【布局】图标调整形状的整体布局模式。

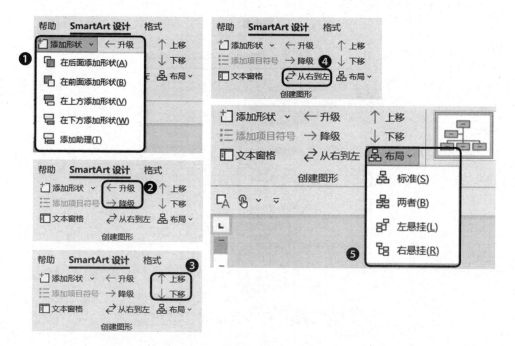

2.1.2 设置缩进，调整组织结构的级别关系

有了框架模板之后，接下来要做的就是将公司各个组织根据从属关系填写到对应的形状中。手动修改 SmartArt 结构的效率太低，下面介绍一个高效的方法。

打开练习素材的"组织结构.txt"文件，按照层级关系，不对"董事会"做任何操作；在"顾问委员会""总经理""公司委员会"左侧分别按一次【Tab】键，执行一次缩进操作；在 4 个"×××中心"左侧分别按两次【Tab】键，执行两次缩进操作；最后在剩下的内容左侧分别按 3 次【Tab】键，执行 3 次缩进操作。

缩进前

缩进后

2.1.3 一键导入,将文字转换为 SmartArt 图示

01 ❶按快捷键【Ctrl+C】复制"组织结构 .txt"文件中的文本内容,返回 Word 文档,❷在【在此处键入文字】窗格中,单击并向下拖曳选中文本框中的所有内容,然后按【Delete】键将其删除。

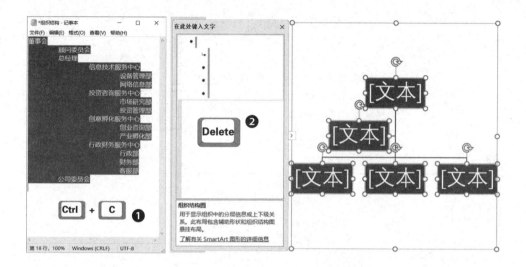

02 ❶按快捷键【Ctrl+V】粘贴文本内容,此时 Word 就会自动完成组织结构图的制作,❷完成后的效果如下图所示。

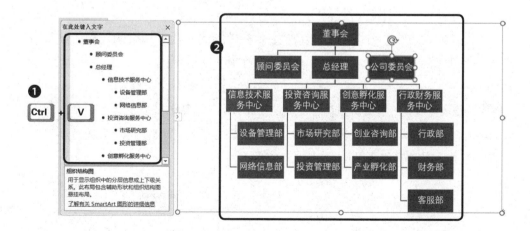

2.1.4 灵活调整,完成组织结构图的美化

虽然快速完成了组织结构图的制作,但是在美观程度上还需要做调整,具体美化方法如下。

⇨ 更改组织结构图的版式

选中组织结构图,在【SmartArt 设计】选项卡中❶选择【层次结构】选项,就可以快速更改组织结构图的版式,❷完成后的效果如下图所示。

❷

⇨ 更改组织结构图的形状

更改版式之后,组织结构图部分形状内的文本出现了换行的情况,此时可以调整对应元素的宽度,让文本可以在一行中完整显示。

01 ❶按住【Ctrl】键,依次单击第二层的形状,❷向左拖曳其中一个形状左侧中部的控制点以增大形状的宽度,此时第二层所有形状会同时实现宽度的调整,完成后的效果如下图所示。

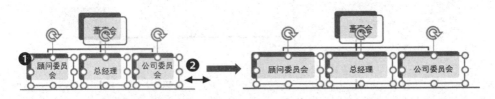

02 按住【Ctrl】键，依次单击第四层的形状，用与上述操作相同的方式减小形状的宽度，直到文本从横向显示转换到竖直显示，效果如下图所示。

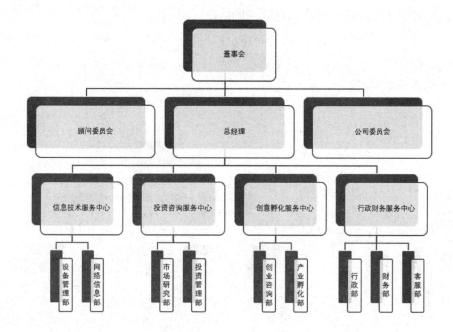

03 选中前三层所有的形状，在【格式】选项卡中❶单击【减小】图标，直到整个组织结构图的比例正常，❷完成后的效果如下图所示。

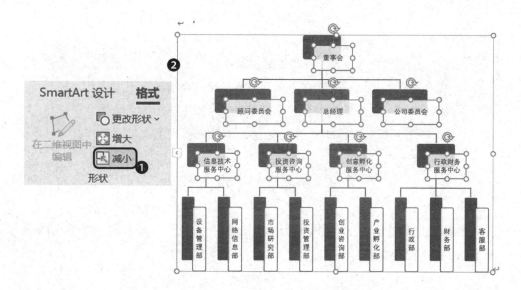

▷ 更改组织结构图的配色

默认创建出来的组织结构图所有层级的颜色都是相同的,可以通过修改配色方案实现各个层级用不同颜色显示的效果。

选中整个组织结构图,在【SmartArt 设计】选项卡中❶单击【更改颜色】图标,❷在弹出的菜单中选择【彩色–个性色】选项,进行配色的修改,完成后的效果如下图所示。

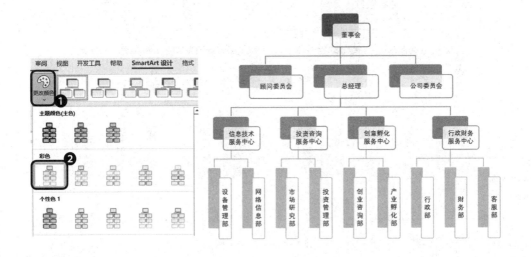

!小贴士

【更改颜色】菜单中的颜色和当前文档的主题颜色匹配,如果需要修改颜色搭配,可以在【设计】选项卡中单击【颜色】图标,在弹出的菜单中选择其他配色方案或者自定义颜色方案。除此之外,还可以单独选中 SmartArt 中的形状,在【形状格式】选项卡中修改形状的填充颜色。

完成以上操作后,公司的组织结构图就制作完成了,最后别忘了使用快捷键【Ctrl+S】保存文档。

2.2 制作公司宣传通稿

📖 案例说明

公司宣传通稿对公司的核心作用是提高公司向社会或客户、合作方等传递信息的效率及提高品牌的知名度。如果只有文字，宣传通稿会显得苍白无力，而图文并茂的宣传通稿能更清晰、直观地传达信息，也能让宣传通稿更加美观。宣传通稿完成前后的对比效果如下图所示。

🚩 思路整理

如果想要宣传通稿的排版精美，就需要对整体的版式进行设置，一般参考报纸杂志的双栏或者多栏排版，在格式设置上各部分要形成鲜明的对比，最后需要插入图片并调整图片的布局，制作思路及涉及的主要知识点如下。

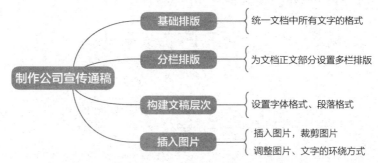

2.2.1 基础排版，为文档打"底妆"

在进行宣传通稿的排版前，可以提前对所有文本的格式进行统一，减少后续格式的调整操作。

01 打开素材"公司宣传通稿.docx"文档，选中所有内容后，❶设置字体为"微软雅黑"，字号改为"五号"。❷右键单击任意段落，❸在弹出的菜单中选择【段落】命令。

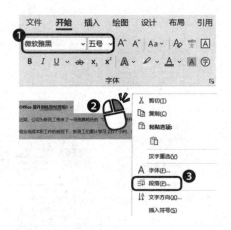

02 在弹出的【段落】对话框中，❶设置缩进为【首行】，将【缩进值】设置为"2字符"，❷取消勾选【如果定义了文档网格，则对齐到网格】选项，❸单击【确定】按钮完成宣传通稿的基础排版。

2.2.2 分栏排版,调整文档的版式布局

为了让宣传通稿更为紧凑,可以将正文部分的排版方式从通栏排版更改为双栏或者多栏排版。分栏排版便于快速阅读,也可以增加排版的信息量,提高页面的利用率。

01 选中除大标题外所有的文本内容,在【布局】选项卡中,❶单击【栏】图标,❷在弹出的菜单中选择【两栏】命令,此时文档正文的排版方式就会自动转换为双栏排版。

02 将光标定位在文档末尾,❶单击【分隔符】图标,❷在弹出的菜单中选择【连续】命令。

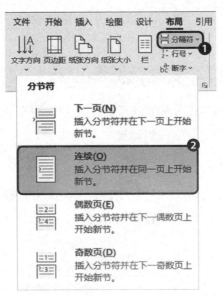

03 完成分栏排版后的文档效果如下图所示。

> **小贴士** 分栏排版后文档的整体排版效果会发生变化，如果最后一页的文本内容无法排满两栏，就会导致最后一栏出现大量空白；此时，将光标定位在文档末尾，添加"连续"分节符，可以让文档两栏对称对齐排版，让文档更美观。

2.2.3 对比与重复，设置文档各部分的格式

为了让宣传通稿各部分的对比明显，看起来更有层次感，我们需要对宣传通稿中的标题、导语进行格式的调整。

⇨ 设置大标题的格式

01 ❶选中文档的大标题，在【开始】选项卡中，❷将字体更改为"微软雅黑"，字号更改为"小初"，❸颜色更改为"蓝色，个性色1"。

近期，公司为新员工带来了一场别具特色

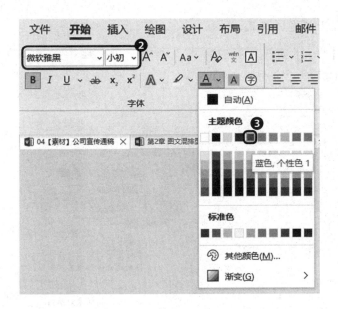

02 打开【段落】对话框，❶设置【对齐方式】为【分散对齐】，❷取消首行缩进，❸将【行距】设置为【多倍行距】，【设置值】设置为"1.15"，❹完成后的效果如下图所示。

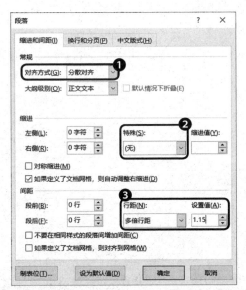

⇨ 设置小标题的格式

01 按住【Ctrl】键选中正文中所有的小标题，❶将字体设置为"微软雅黑"，字号设置为"小四"，❷将颜色设置为"蓝色，个性色1"。

02 ❶将段落的首行缩进取消，❷将段前距离更改为"0.5行"，让小标题与前面的正文保持一定距离，完成后的效果如下图所示。

在认真敬业完成本职工作的前提下，新员工们累计学习 2377 小时，共提交打卡 8325

我们的新员工刚刚分配入职到各自工

⇨ 设置导语的格式

选中导语部分内容，❶为其设置倾斜效果，❷将文字颜色设置为"黑色，文字1，淡色50%"，完成后的效果如下图所示。

至此，文字部分的排版就告一段落了，整体效果如下图所示。

Office 提升训练营结营啦！

近期，公司为新员工带来了一场别具特色的"Office 技能提升训练营"。21 天里，在认真敬业完成本职工作的前提下，新员工们累计学习 2377 小时，共提交打卡 8325 次，整体打卡率为95%！下面一起通过21天的记录，感受我们新员工们的风采吧！

社群学习，高效交流

本次训练营，采用社群式学习方法，适应了新生代员工学习的特点，结合实际工作的需求，进行了混合式学习方式设计，采取线上网课+实操练习+点评答疑的培训方式，为新员工打造沉浸式的学习氛围，帮助新员工通过基础知识和技能的应用与反复练习，提高学习培训效果。

以赛促学，小组互助

为进一步营造浓厚学习氛围，激发学员学习热情，本次线上训练营将 27 个分行设为 27 个小组，分别以个人和小组为单位制定了优秀学员、优秀小组等评选奖励。

运营团队每日在组长群内提醒当日学习任务，公示前一天的打卡数据。各小组组长积极发挥带头作用，尽职尽责地督促组员参与学习，营造团结争先的积极学习氛围。

砥砺前行，坚持学习

我们的新员工刚刚分配入职到各自工作岗位上，也正在自我调整，适应环境的变化和角色转变，除了要完成工作岗位上的学习和事务处理外，我们的新员工们依然坚持紧跟训练营的每日学习安排，完成实操打卡。

复盘总结，未来可期

通过本次专业、系统的 Office 技能学习，新员工们都表示办公技能有显著提升，建立了初入职场的良好心态和学习规划，他们将以更大的热情快速融入集体，脚踏实地，积跬步，至千里，积小流，成江海。

长风破浪会有时，直挂云帆济沧海。21天的训练营在声声蝉鸣和飒爽的秋风中结束了，相信我们的新员工铆足了劲头，习得了技能，明确了目标，迈出了脚步，望向了远方。

衷心祝愿各位新员工在公司的大舞台上能够实现人生价值，以梦为马，不负韶华！

2.2.4 图文混排,用图片制造视觉冲击力

版式设计中文字和图形相辅相成,俗话说,"一图胜千言",一篇文档里没有图片会显得十分单调,而插入相关图片就要兼顾图文混排的效果。

▷ 插入逻辑图示并调整布局

01 将光标定位在"社群学习"段落的末尾,❶在【插入】选项卡中单击【SmartArt】图标,❷在弹出的对话框中切换到【流程】,❸在右侧选择【垂直流程】选项,❹单击【确定】按钮,插入逻辑图示,❺填入对应的文字,完成后的效果如下图所示。

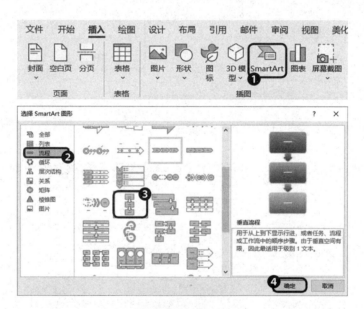

02 选中SmartArt，❶单击右上角的【布局选项】按钮，❷在弹出的菜单中选择【四周型】命令。

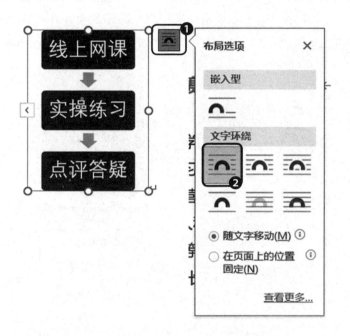

03 调整SmartArt的尺寸，将SmartArt放在文字段落的左侧，完成后的效果如下图所示。

⇨ 插入图片并简单裁剪

01 将光标定位在"评选奖励"文本后,按【Enter】键换行,删除缩进后,❶在【插入】选项卡中单击【图片】图标,❷在弹出的菜单中选择【此设备】命令,在弹出的【插入图片】对话框中,❸找到素材文件夹中"小组学习"图片,❹单击【插入】按钮。

02 插入图片后的效果如下图所示。

近期,公司为新员工带来了一场别具特色的"Office 技能提升训练营"。21 天里,在认真敬业完成本职工作的前提下,新员工们累计学习 2377 小时,共提交打卡 8325 次,整体打卡率为95%!下面一起通过21天的记录,感受我们新员工们的风采吧!

社群学习,高效交流

03 选中图片后,在【图片格式】选项卡中,❶单击【裁剪】图标,❷拖曳图片上下边缘中部的裁剪标记,保留图片中人物所在的区域,单击图片外任意位置完成图片的裁剪。

04 完成后的效果如下图所示。

⇨ 裁剪图片并修改布局方式

01 将光标定位在"砥砺前行"段落中的任意位置,插入素材文件夹中的"坚持学习"图片并选中;❶在【图片格式】选项卡中单击【裁剪】图标下方的下拉按钮,❷在弹出的菜单中选择【纵横比】命令,❸在子菜单中选择【1:1】命令。

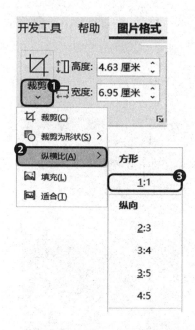

02 ❶在【裁剪】菜单中选择【裁剪为形状】命令，❷在子菜单中选择【泪滴形】命令，单击图片外的任意区域，完成图片的裁剪，完成后的效果如下图所示。

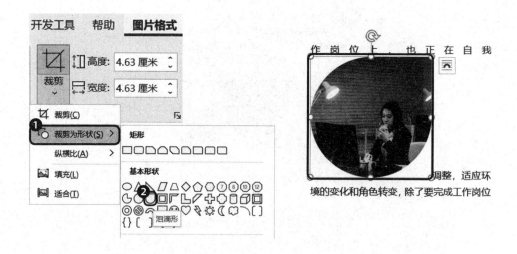

03 选中图片，❶单击右上角的【布局选项】按钮，❷将图片的环绕类型更改为【紧密型】。

04 将图片移动至段落中部的右侧，完成后的效果如下图所示。

接下来只需要在"长风破浪会有时……"段落后插入"乘风破浪"图片，即可完成公司宣传通稿的制作，最后记得使用快捷键【Ctrl+S】保存文档。

Word Excel PPT

第 3 章
表格型文档的创建与编辑

Word 2021 不仅可以对文字和图片进行编辑;还可以直接在文档中插入表格,之后进行布局的调整并填充内容,以创建能满足不同需求的表单。同时,表格也是文档个性化排版的"利器"。本章将通过制作员工出差申请表和制作公司内部刊物两个案例,介绍创建表单及借助表格实现创意排版的方法。

扫码并发送关键词"秋叶三合一",
观看配套视频课程。

3.1 制作员工出差申请表

📖 案例说明

出差申请表是企业、公司常用的表格型文档之一。出差申请表指的是企事业单位或者行政机构内部的工作人员,因需外出办理公事而向本部门负责人申请出差时填的一种表单。其内容主要包括申请人姓名、申请人所在部门、目的地、出差事由、出差时间及预计出差费用等。

出差申请表制作完成后的效果如下图所示。

出差申请表

编号:

申报部门		申请人		
日期		单击或点击此处输入日期。至单击或点击此处输入日期。共 日		
地区				
事由				
交通工具		□飞机 □火车 □汽车 □动车 □高铁 □其他:		
申请费用	万 仟 佰 拾 元 角 分 (¥)			
部门审核	分管副总审核	总经理审核		董事审核

备注:
1. 此申请表作为费用申请、借款、报销的必备凭证;
2. 费用超过5000元需由董事长审核;
3. 总经理室成员的费用申请需由董事长审核;
4. 出差途中变更行程或计划需及时报备;
5. 申请表需在接到出差安排后48小时内批复。

🚩 思路整理

出差申请表的结构简单,但是单元格的大小不一致;而直接插入的表格的单元格大小都一致,所以在插入行列数合适的表格之后,需要先通过合并单元格来调整表格的结构,然后显示隐藏表格框线,最后完善文字内容。制作思路及涉及的主要知识点如下页图所示。

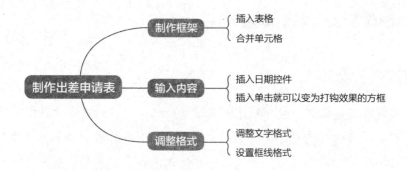

3.1.1 创建表格，制作出差申请表框架

因为出差申请表的单元格大小不一致，所以无法直接通过插入表格一步完成出差申请表框架的制作，需要根据实际需求进行单元格的合并，具体操作如下。

1. 修改纸张方向

Word 2021 默认的纸张方向是竖向，纸张宽度过小无法放置更多的表格信息，我们可以在【布局】选项卡中，❶单击【纸张方向】图标，❷在弹出的菜单中选择【横向】命令，将其从竖向转换为横向，效果如下图所示。

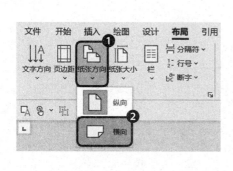

2. 插入合适行列数的表格

01 在【插入】选项卡中，❶单击【表格】图标，❷在弹出的菜单中选择【插入表格】命令，❸在弹出的对话框中的【列数】文本框中输入"10"，在【行

数】文本框中输入"19",❹单击【确定】按钮完成表格的插入。

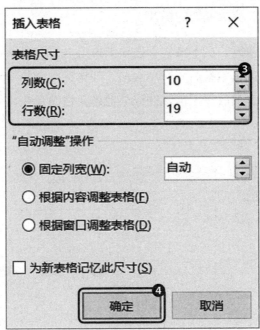

02 ❶单击表格左上角的"⊞"按钮,选中整个表格,❷在【表设计】选项卡右侧的【布局】选项卡中调整【高度】为"0.75 厘米"。

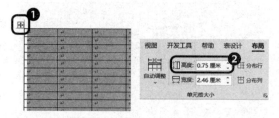

03 可以看到表格铺满了整个版心。

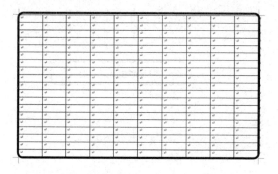

3. 合并单元格,完成框架的搭建

选中表格的前两行,在【布局】选项卡中单击【合并单元格】图标,完成标题单元格的合并。选中最后六行单元格,同样执行合并单元格的操作,完成备注单元格的合并。最后按照需求完成其他单元格的合并,完成后的效果如下图所示。

3.1.2 出差申请表内容的输入

完成了表单的框架搭建,接下来就需要在表单中输入内容了,除了简单的文字之外,我们还可以借助【开发工具】选项卡中的各种控件来实现特殊内容的快速输入,具体操作如下。

1. 文字内容的输入

在框架中输入表单标题和各个部分的标题和内容,设置标题文字的字体为"宋体",字号为"小一",并设置为"加粗";其他文字的字体为"宋体",字号为"小四",完成后的效果如下图所示。

出差申请表				
编号:				
申报部门		申请人		
日期				
地区				
事由				
交通工具	飞机 火车 汽车 动车 高铁 其他:			
申请费用	万仟佰拾元角分(¥)			
部门审核	分管副总审核	总经理审核		董事审核
备注: 1.此申请表作为费用申请、借款、报销的必备凭证; 2.费用超过5000元需由董事长审核; 3.总经理室成员的费用申请需由董事长审核; 4.出差途中变更行程或计划需及时报备; 5.申请表需在接到出差安排后48小时内批复。				

2. 添加控件,只要单击就可以输入日期

插入日期选取控件需要用到【开发工具】选项卡中的功能,Word 软件默认不显示【开发工具】选项卡,需要手动调整出来,具体操作如下。

01 ❶右键单击功能区的空白位置,❷在弹出的菜单中选择【自定义功能区】命令,打开【Word 选项】对话框。❸在右侧的【主选项卡】中勾选【开发工具】选项,❹单击【确定】按钮。

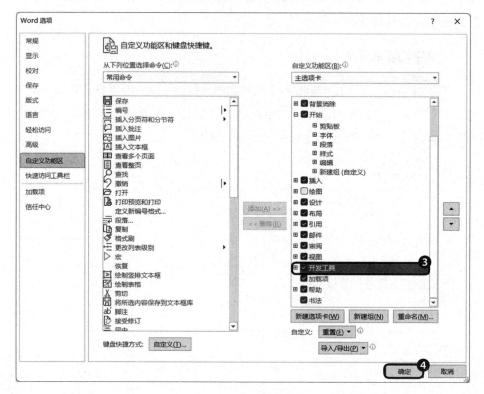

02 将光标定位在"日期"右侧的单元格中,在【开发工具】选项卡中单击【日期选取器内容控件】图标,插入一个日期选取器内容控件;然后按方向键【→】,输入文字"至";再插入一个日期选取器内容控件,再按方向键【→】,输入"共 日",完成后的效果如下图所示。

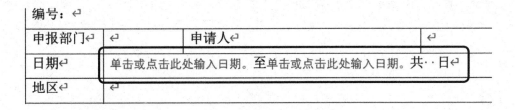

3. 插入单击就可以变为打钩效果的方框

01 将光标定位在"飞机"左侧，❶在【开发工具】选项卡中单击【复选框内容控件】图标，❷此时"飞机"左侧就会出现一个复选框内容控件。

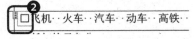

02 单击【属性】图标，打开【内容控件属性】对话框。

03 ❶单击【选中标记】右侧的【更改】按钮,打开【符号】对话框;❷将字体更改为"Wingdings",❸选中"☑"符号,❹单击【确定】按钮,❺单击【内容控件属性】对话框的【确定】按钮,完成制作。以后只要单击方框,Word 就会让其变为打钩的效果。

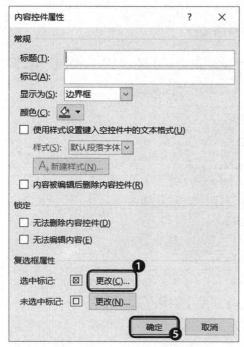

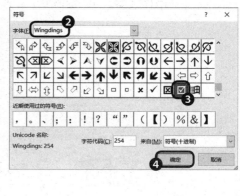

04 将方框复制粘贴到每个选项前,完成后的效果如下图所示。

交通工具	☐飞机··☐火车··☐汽车··☐动车··☐高铁··☐其他:

3.1.3 调整表单中内容的对齐方式与间距

▷ 调整内容的对齐方式

01 选中除"备注"单元格外的所有单元格,在【表设计】选项卡右侧的【布局】选项卡中,单击【水平居中】图标。

02 单独选中"编号"单元格,按快捷键【Ctrl+R】将其对齐方式设置为右对齐,完成后的效果如下图所示。

⇨ 调整单元格内文字的宽度

01 选中"万仟佰拾元角分(¥   )",❶在【开始】选项卡中单击【中文版式】图标,❷在弹出的菜单中选择【调整宽度】命令。

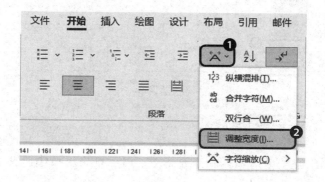

02 ❶在弹出的对话框中修改文字宽度为 45 字符，❷单击【确定】按钮完成文字宽度的调整，效果如下图所示。

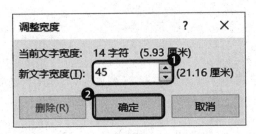

> **小贴士**　因为这一步是调整文字的宽度，所以可以直接选中单元格中的文字，无须选中整个单元格。

3.1.4 隐藏表格框线

选中表单的前两行单元格，在【表设计】选项卡中，❶单击【边框】图标的下半部分，在弹出的菜单中依次选择❷【上框线】、❸【左框线】、❹【右框线】、❺【内部框线】命令，完成表格框线的隐藏，完成后的效果如下图所示。

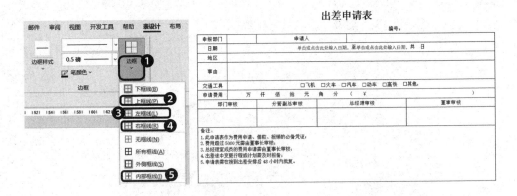

至此，员工出差申请表就制作完毕了，最后别忘了按快捷键【Ctrl+S】保存文档。

3.2 制作公司内部刊物

📖 **案例说明** ≫

很多公司都希望拥有一份内部刊物,以更好地去展示公司文化,以及向客户准确地推荐自己的服务及产品;但不少公司认为内部刊物需要用专业工具制作,其实,借鉴报纸、杂志的排版,利用表格就可以轻松完成内部刊物的制作。

公司内部刊物制作完成后,页面效果如下图所示。

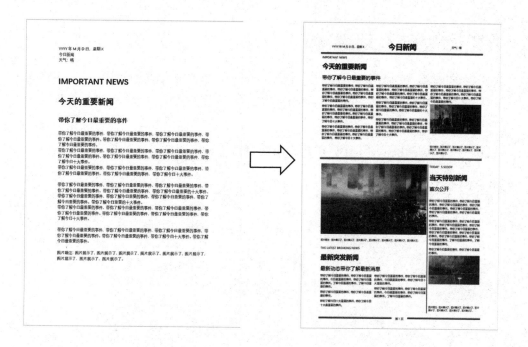

🚩 **思路整理** ≫

制作内部刊物主要的难度在于快速搭建好每个页面的框架,以及线条的设置,而这些恰好都可以利用绘制表格功能来实现,制作思路及涉及的主要知识点如下页图所示。

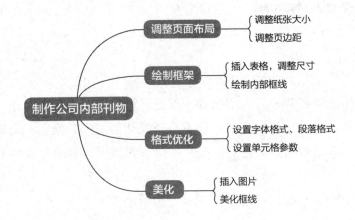

3.2.1 调整文档的页面布局

公司内部刊物不像普通文档,它需要尽可能地利用页面空间来制作出多样的排版效果,所以我们需要对其进行纸张大小和页边距的调整,具体操作如下。

01 在【布局】选项卡中,单击【页面设置】功能组右下角的扩展箭头,打开【页面设置】对话框。

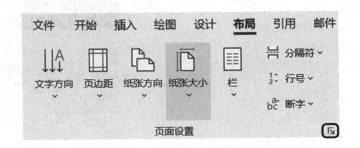

02 ❶在【纸张】选项卡中修改【纸张大小】为"Tabloid";❷在【页边距】选项卡中修改上、左、右边距为"2.54厘米",下边距为"0厘米",❸单击【确定】按钮,完成页面参数的调整。

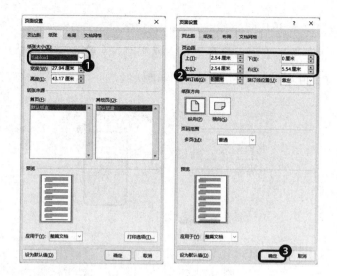

3.2.2 绘制刊物的框架

报纸、刊物的版式相对于书籍的版式会更为自由，如果直接插入规整的多行多列表格再去合并和拆分单元格会稍显麻烦。这里可以插入一个 1 行 3 列的表格，然后再用框线画笔将内部框线绘制出来，具体操作如下。

▷ 绘制刊物外部框架

❶在【插入】选项卡中单击【表格】图标，❷在弹出的菜单中拖曳鼠标指针选择 3 个小方格以插入一个 1 行 3 列的表格。❸在【表设计】选项卡右侧的【布局】选项卡中修改单元格【高度】为"40 厘米"。

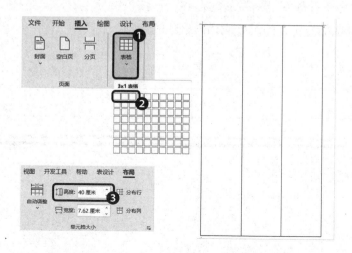

➡ 绘制刊物内部横向框线

01 在【插入】选项卡中，❶单击【表格】图标，❷在弹出的菜单中选择【绘制表格】命令，此时鼠标指针会变为画笔图形。

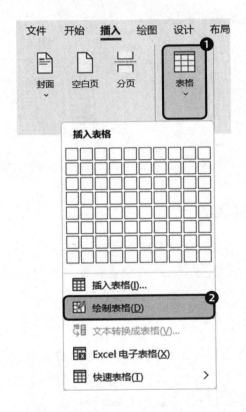

02 将鼠标指针放在表格左侧的框线上，按住鼠标左键，向右拖曳到右侧的框线后松开鼠标左键，即可完成横向框线的绘制。

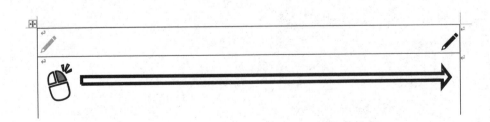

03 重复上述操作,参照案例完成横向框线的绘制,完成后的效果如下图所示。

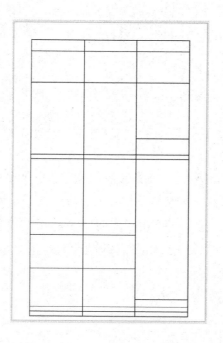

04 在【布局】选项卡中,单击【合并单元格】图标,对需要合并的单元格进行合并,完成后的效果如下图所示。

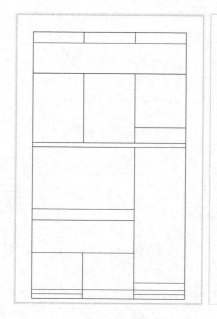

3.2.3 调整单元格内容的格式

公司内部刊物的版式框架搭建完毕之后，我们就可以将文本和图片放入对应的板块，然后进行格式的调整，具体操作如下。

➩ 输入文本内容

将"【素材】公司内刊.docx"文档中的文本内容复制粘贴到框架内，效果如下图所示。

➩ 修改文本格式

将所有文本的字体修改为"微软雅黑"；然后按照字号 11 磅、段前 / 段后 6 磅、多倍行距的值为 0.8 的格式修改正文文本，按照字号 28 磅、加粗的格式修改中文标题，按照字号 11 磅的格式修改英文标题，按照字号 20 磅的格式修改中文副标题，按照字号 9 磅的格式修改图片的题注文本；最后统一设置标题段落的格式为多倍行距（1.15 倍）。

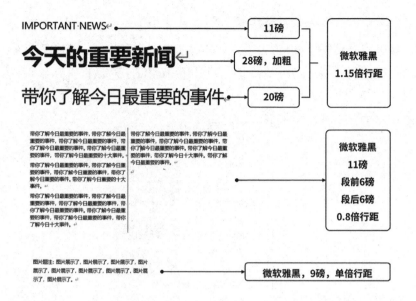

▷ 修改单元格内文字的对齐方式

在【表设计】选项卡右侧的【布局】选项卡中单击【居中对齐】图标,将表格第一行与最后一行的内容的对齐方式设置为居中对齐;单击【中部左对齐】图标完成标题和题注的对齐调整,完成后的效果如下图所示。

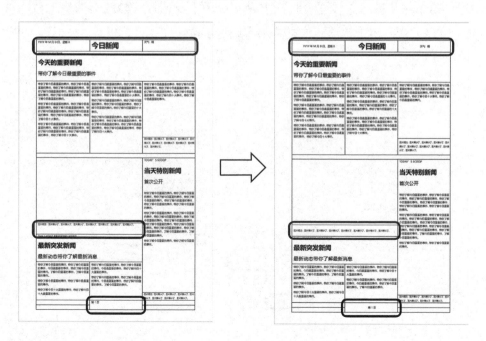

⇨ 设置单元格参数，防止插入的图片变形

01 ❶单击表格左上角的"⊞"按钮，选中整个表格，右键单击，❷在弹出的菜单中选择【表格属性】命令，打开【表格属性】对话框。

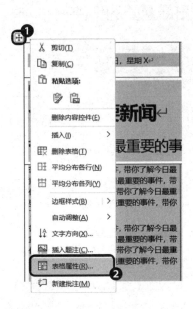

02 ❶单击【选项】按钮，打开【表格选项】对话框，❷取消勾选【自动重调尺寸以适应内容】选项，依次单击【确定】按钮完成设置。

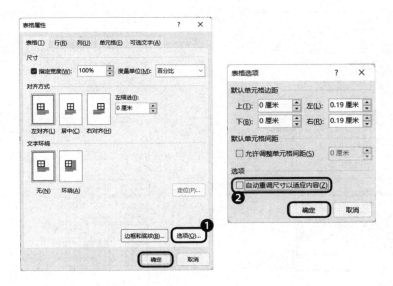

> **小贴士**
>
> 默认情况下，在单元格中直接插入图片，图片会将整个单元格撑大；为了避免这种情况出现，需要取消勾选【自动调整尺寸以适应内容】选项。

3.2.4 设计美化，提升视觉效果

1. 插入图片，设置图片的格式

01 在【插入】选项卡中，❶单击【图片】图标，❷在弹出的菜单中选择【此设备】命令，打开对话框。❸分别将"特别新闻""突发新闻""重要新闻"3张图片插入对应的单元格中，完成后的效果如下图所示。

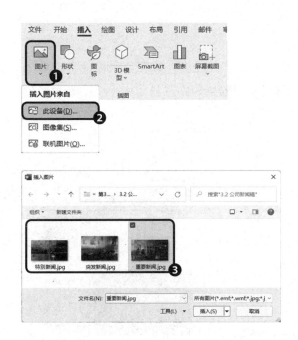 

02 选中图片后，❶在【图片格式】选项卡中，单击【颜色】图标，❷在弹出的菜单中选择【灰度】选项，即可将图片从彩色转为灰白色。重复上述操作，将文档中所有的图片均转换为灰度效果，完成后的效果如下页图所示。

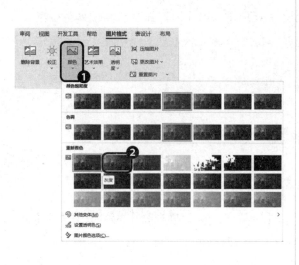

2. 设置框线，美化线条

01 单击表格左上角的"⊞"按钮，选中整个表格；❶在【表设计】选项卡中单击【边框】图标的下半部分，❷在弹出的菜单中选择【无框线】命令，清除边框，效果如下图所示。

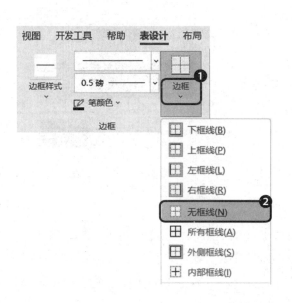

02 ❶选中表格第一行；在【表设计】选项卡中，❷单击【笔样式】右侧的下拉按钮，❸选择上粗下细的文武线；❹单击【边框】图标的下半部分，❺在弹出的菜单中选择【下框线】命令，完成框线的设置。

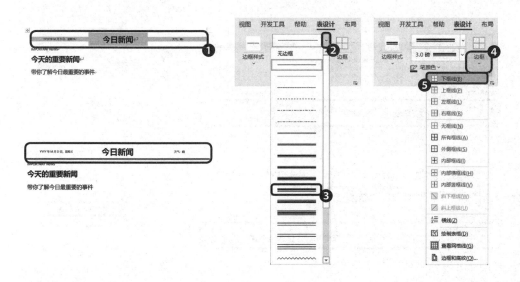

03 ❶选中"突发新闻"图片上方的空行；❷在【表设计】选项卡中单击【笔样式】右侧的下拉按钮，❸选择【笔样式】为上细下粗的文武线；❹单击【边框】图标的下半部分，❺在弹出的菜单中选择【上框线】命令，完成框线的设置。

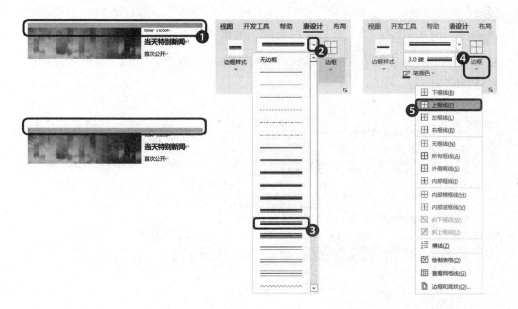

04 ❶选中最后两行单元格；在【表设计】选项卡中，❷单击【边框】图标的下半部分，❸在弹出的菜单中选择【内部横框线】命令，❹完成框线的添加。

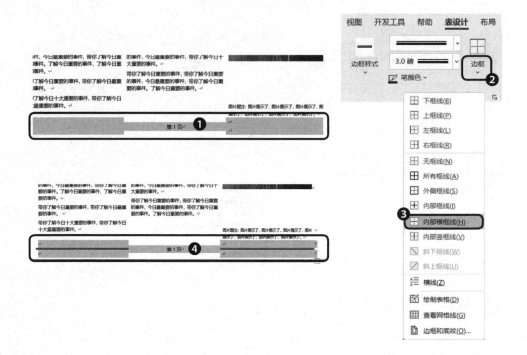

05 将鼠标指针放在页码和左侧单元格之间的框线上，当鼠标指针变为"◆▶"图标时，按住鼠标左键并向右进行拖曳，拖曳到标尺上标注为"27"字符处。用相同的方法将右侧单元格的框线，拖曳到标尺上标注为"33"字符处，效果如下图所示。

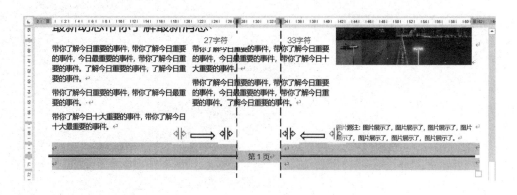

06 选中"特别新闻"图片所在的单元格；❶在【表设计】选项卡中单击【笔样式】右侧的下拉按钮，❷修改【笔样式】为细实线；❸然后单击【边框】图标的下半部分，❹在弹出的菜单中选择【左框线】命令，完成框线的设置。

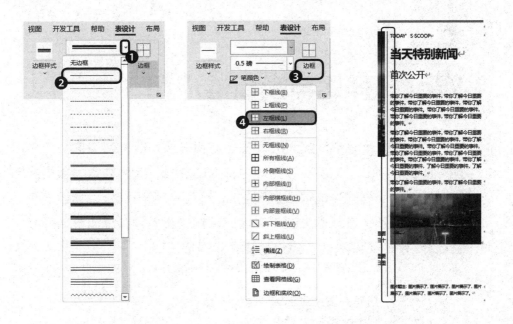

至此，公司内部刊物就制作好了，最后别忘了使用快捷键【Ctrl+S】将文档保存在自己的电脑中。

Word Excel PPT

第 4 章
Word 样式与模板的应用

Word 软件中有着十分强大的样式功能和模板功能，利用这两个功能可以快速将一份文档排版为规范标准的文档，大大节省设置格式的时间。借助样式功能可以快速生成目录、多层级标题，为添加编号提供了便利。本章通过制作年终述职报告和借助在线模板制作商业计划书两个案例，为大家讲解样式和模板的用法。

扫码并发送关键词"秋叶三合一"，
观看配套视频课程。

4.1 制作年终述职报告

案例说明

年终述职报告是员工对自己一年内的所有工作内容加以总结、分析和研究，肯定成绩，找出问题，得出经验与教训，用于指导下一阶段工作的文档。年终述职报告制作完成后的效果如下图所示。

思路整理

述职报告并不是一页纸那么简单，它是工作中常见的一种长文档，包含封面、目录、正文三大部分。正文部分设计了多个层级，相同层级的格式要统一，不同层级的格式要有所区别，这可以借助样式功能快速实现；多层级内容的编号和文档的目录可以在应用样式后统一添加。还需要注意述职报告的美观度，借助页眉页脚等修饰页面，制作思路及涉及的主要知识点如下页图所示。

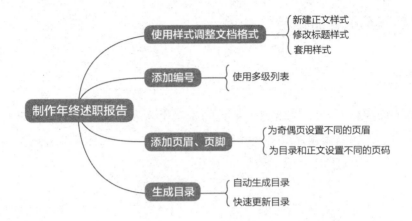

4.1.1 使用样式快速统一排版

述职报告涉及的文字和内容层级较多,如果不利用样式进行调整,页面就会显得杂乱无章。使用样式进行排版,除了可以更方便地调整文档格式,还可以方便读者从导航窗格中清晰地看到文档的结构,方便读者快速实现页面的跳转;同时,使用样式后还可为后续各级标题添加编号、自动生成目录提供便利。

Word 软件中内置了不少样式,如正文样式和各级标题样式,制作述职报告的时候可以根据需求新建、修改样式来得到想要的效果,具体操作如下。

1. 新建"我的正文"样式

虽然 Word 软件内置的样式中已经存在了名为"正文"的样式,但由于它是所有内置样式的基准,直接修改它会导致所有的样式都发生改变,所以为了保险起见建议新建一个名为"我的正文"的样式,用在述职报告的正文排版中。在此以对标准公文正文的格式要求(见下表)为例,演示新建样式的过程,具体流程如下。

中文字体	字号	对齐	大纲级别	行距	缩进
仿宋	三号	两端对齐	正文文本	30 磅	首行缩进 2 字符

第 4 章
Word 样式与模板的应用

01 在【开始】选项卡中，❶单击【样式】功能组右侧的下拉按钮，❷在弹出的菜单中选择【创建样式】命令；在弹出的对话框中，❸修改样式名称为"我的正文"，❹单击【修改】按钮，弹出【根据格式化创建新样式】对话框。

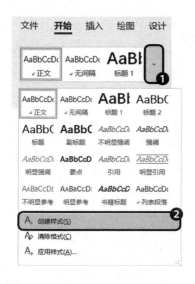

02 在对话框中，❶单击【格式】按钮，❷在弹出的菜单中选择【字体】命令，弹出【字体】对话框；❸修改中文、西文字体为"仿宋"，❹修改字号为"三号"，❺单击【确定】按钮完成字体格式的设置。

03 ❶单击【格式】按钮，❷在弹出的菜单中选择【段落】命令，❸在【段落】对话框中修改缩进的【特殊】为【首行】，修改【缩进值】为"2字符"；❹将【行距】设置为【固定值】，设置【设置值】为"30"，依次单击【确定】按钮，完成样式的创建。

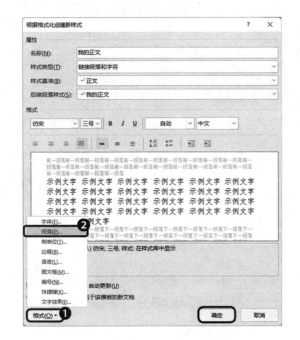
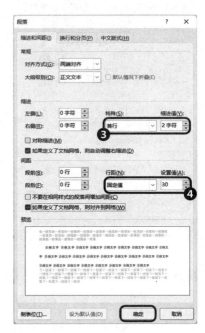

此时在【样式】功能组中就会出现"我的正文"样式。

如果想让新建的"我的正文"样式出现在今后所有新建的文档中，则在步骤**03**的最后一步前选择【基于该模板的新文档】选项即可。

2. 修改软件内置的标题样式

述职报告中的内容通常会有多个层级，一般不会少于两个层级，每个层级的标题都有对应的格式要求且不同层级的标题的格式要有所区别，我们可以修改和套用软件中内置的"标题1""标题2""标题3"等标题样式来实现。

这里我们按照下表中的格式要求对"标题1"样式进行修改，具体操作如下。

中文字体	字号	对齐	大纲级别	行距	段前段后	缩进
黑体	二号	居中对齐	1级	单倍行距	1行	无

01 在【开始】选项卡中，❶右键单击"标题1"样式，❷在弹出的菜单中选择【修改】命令，弹出【修改样式】对话框。

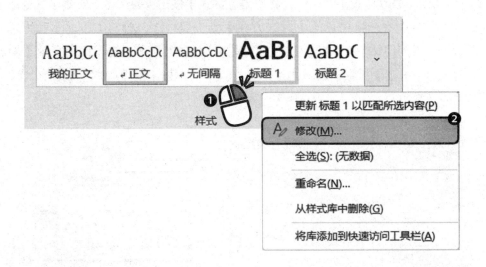

02 ❶修改【样式基准】为【我的正文】，修改【后续段落样式】为【标题2】。❷单击【格式】按钮，❸选择【字体】命令；在【字体】对话框中，❹修改中文和西文字体为"黑体"，❺【字形】为"加粗"，【字号】为"二号"，❻单击【确定】按钮，完成字体格式的修改。

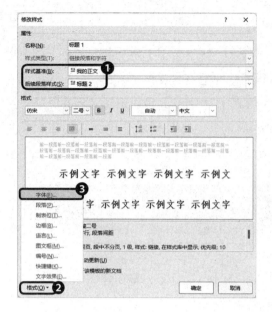

03 返回【修改样式】对话框，❶单击【格式】按钮，❷选择【段落】命令；❸在【段落】对话框中修改【对齐方式】为【居中】，❹将【段前】和【段后】都设置为"1行"，将【行距】设置为【单倍行距】；❺单击【段落】对话框中的【确定】按钮，❻单击【修改样式】对话框中的【确定】按钮，完成样式的修改。

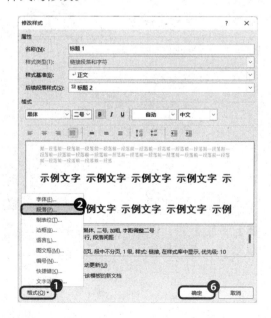
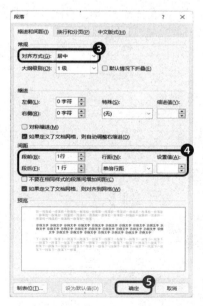

04 重复上述 3 个步骤，完成"标题 2""标题 3"样式的修改。

"标题 2"样式的格式要求如下。

中文字体	字号	对齐	大纲级别	行距	段前段后	缩进
楷体	三号	两端对齐	2 级	单倍行距	0.5 行	首行缩进 2 字符

"标题 3"样式的格式要求如下。

中文字体	字号	对齐	大纲级别	行距	段前段后	缩进
仿宋	三号	两端对齐	3 级	单倍行距	无	首行缩进 2 字符

3. 为文档内容套用样式

完成了样式的新建和修改之后，接下来要做的就是选中对应层级的内容并为其套用样式，具体操作如下。

01 ❶在文档中选中其中一个 1 级标题，如"销售业绩的回顾及分析"，❷在【开始】选项卡中单击【选择】图标，❸在弹出的菜单中选择【选择格式相似的文本】命令，快速选中所有 1 级标题。

02 在【样式】功能组中单击"标题1"样式完成样式的套用,效果如下图所示。

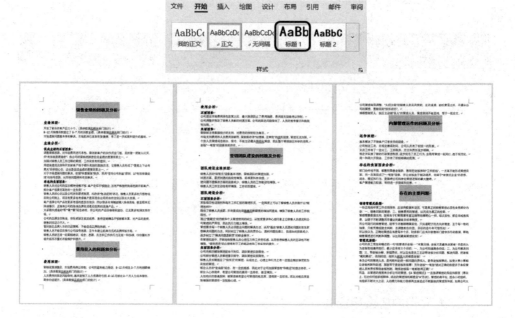

03 以相同的方式选中2级标题、3级标题及正文,分别为它们套用"标题2""标题3""我的正文"样式,完成后的效果如下图所示。

至此,使用样式快速统一排版的操作就结束了。

4.1.2 为各级标题添加编号

在之前的章节中我们了解到为段落编号需要使用编号功能,但是长文档的编号要求更为复杂,每一级标题的编号之间要有联动,例如,1级标题编号为第1章,2级标题编号为1.1,那么到了第2章,2级标题编号就得从2.1开始,以此类推。这就需要用到编号中的高级编号功能——多级列表功能了。

下面我们按照以下编号规则进行标题编号的设置,具体操作如下。

1级标题编号	2级标题编号	3级标题编号
一、	(一)	1.1.1

01 将光标定位在文档中任意一个1级标题中,❶在【开始】选项卡中单击【多级列表】图标,❷在弹出的菜单中选择下方的【定义新的多级列表】命令。

02 打开【定义新多级列表】对话框,单击【更多】按钮,展开更完整的界面。

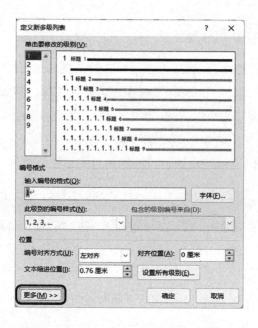

03 ❶单击1级编号，❷将【此级别的编号样式】更改为【一,二,三(简)...】，这时在【输入编号的格式】文本框中会自动出现"一"，❸在其后输入"、"；❹设置【编号之后】为【空格】，❺设置【文本缩进位置】为"0厘米"；❻单击【设置所有级别】按钮，❼在打开的对话框中将所有参数修改为"0厘米"，❽单击【确定】按钮，完成1级编号格式的设置。

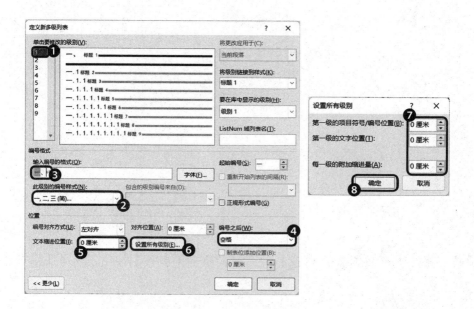

04 ❶单击 2 级编号，❷修改编号样式为【一 , 二 , 三 (简)...】，❸删除【输入编号的格式】文本框中"一 . 一"前面的"一 ."，将其改为"（一）"；❹设置【编号之后】为【空格】，完成 2 级编号的格式设置。

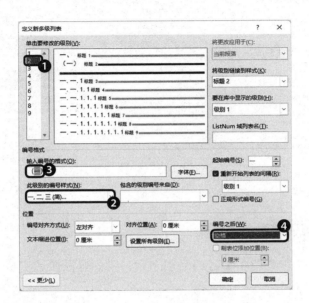

05 ❶单击 3 级编号，❷勾选【正规形式编号】选项，❸设置【编号之后】为【空格】，完成 3 级编号的格式设置，❹单击【确定】按钮完成多级编号格式的设置。

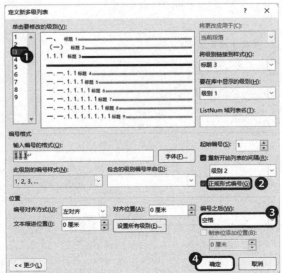

06 此时，述职报告各级标题就会自动添加上正确格式的编号，如下图所示。

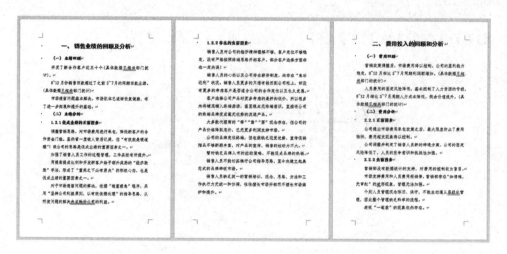

4.1.3 为文档快速生成目录

完成了样式的套用和编号的添加之后，我们可以快速完成文档目录的制作，具体操作如下。

01 ❶按快捷键【Ctrl+Home】将光标移动到文档的开头，❷在【引用】选项卡中单击【目录】图标，❸在弹出的菜单中选择【自动目录1】命令，即可完成目录的自动生成，效果如下图所示。

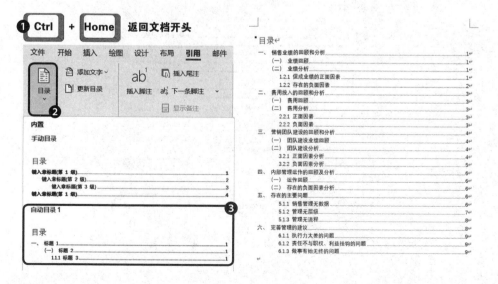

02 选中"目录"二字,❶设置字体格式为"黑体""二号""加粗",❷颜色设置为"自动",❸将对齐方式设置为【居中】。至此,目录就制作完成了,效果如下图所示。

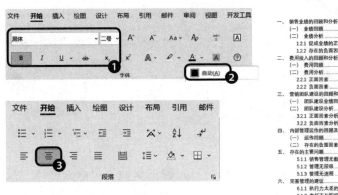

4.1.4 为文档添加页眉和页脚

页眉和页脚作为文档中不可或缺的一部分,有装饰和导航的作用。这里我们按照下方表格所示的要求完成页眉和页脚的设置。

页眉内容要求如下。

	奇数页页眉	偶数页页眉
内容	年终述职报告	武汉××科技有限公司

页脚内容要求如下。

	目录所在页页码	正文所在页页码
内容	大写罗马数字 I,II,III	阿拉伯数字 1,2,3

1. 为奇偶页设置不同的页眉

01 ❶双击文档第一页的页眉区域,进入页眉和页脚编辑状态;❷在【页眉和页脚】选项卡中勾选【奇偶页不同】选项,此时页眉左下角的角标就会从"页眉"变为"奇数页页眉"。

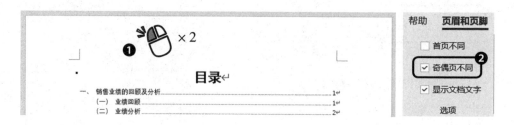

02 ❶在奇数页页眉处输入"年终述职报告",❷在偶数页页眉处输入"武汉××科技有限公司",即可完成奇偶页不同页眉的设置。

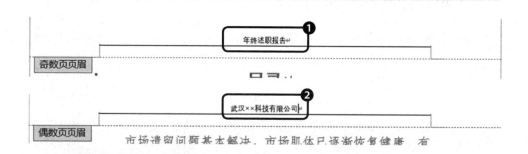

2. 为目录和正文设置不同的页码格式

想要在一份文档中设置不同的页码格式,需要先将不同的内容划分到不同的节中,然后断开节与节之间页脚的链接,最后添加页码并修改页码格式,具体操作如下。

很多读者以为页面的参数是以"页"为单位进行设置的,其实此类参数的设置是以"节"为单位的,每一节可以包含多页文档,每一节也可以单独设置页面的尺寸、边距、方向,甚至页眉和页脚。

01 按【Esc】键退出页眉和页脚编辑状态，❶将光标定位在正文开头，❷在【布局】选项卡中单击【分隔符】图标，❸在弹出的菜单中选择【下一页】命令，即可将目录和正文拆分到不同的节和不同的页面中。

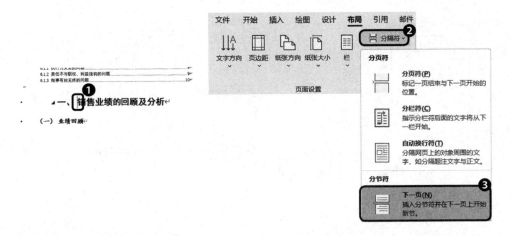

02 ❶双击正文的页脚部分，进入页眉和页脚编辑状态，此时页脚右下角会出现"与上一节相同"角标；❷在【页眉和页脚】选项卡中单击【链接到前一节】图标，此时偶数页页脚右侧的"与上一节相同"角标将会消失。对"奇数页页脚 – 第 2 节 –"执行一遍同样的操作，这样就可以彻底让正文的页脚与目录的页脚断开链接了。

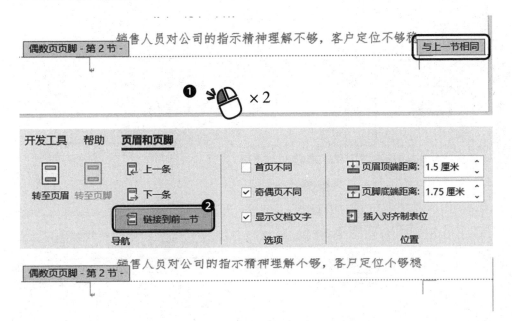

03 将光标定位在目录的页脚中，❶在【页眉和页脚】选项卡中单击【页码】图标，❷在弹出的菜单中选择【页面底端】命令，❸在右侧子菜单中选择【普通数字2】命令。

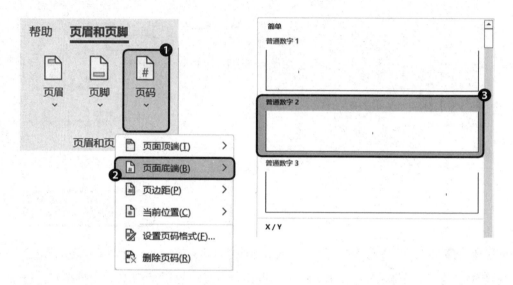

04 在【页眉和页脚】选项卡中，❶单击【页码】图标，❷在弹出的菜单中选择【设置页码格式】命令；❸在对话框中单击【编号格式】右侧的下拉按钮，❹在弹出的菜单中选择【I,II,III,…】；❺选择【起始页码】选项，并设置值为"I"，❻单击【确定】按钮，完成目录的页码格式的设置。

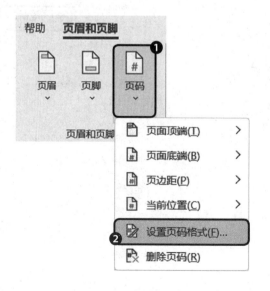

05 将光标定位在"偶数页页脚 – 第 2 节 –"处，为正文的偶数页添加页码。

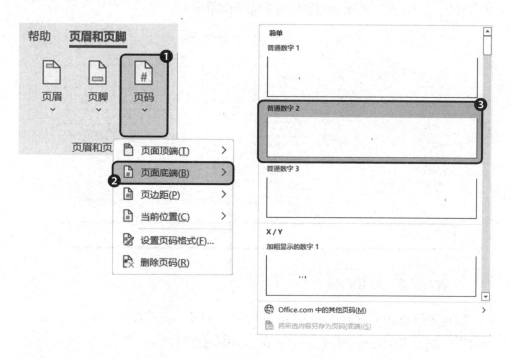

06 单击【页码】图标，设置正文的偶数页的页码格式。

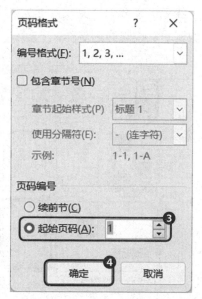

07 将光标定位在"奇数页页眉 - 第 2 节 -"处，重复步骤 **05**，完成正文部分页码格式的设置，完成后的文档效果如下图所示。

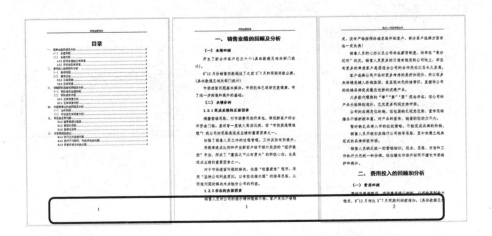

3. 插入封面，更新目录

完成了页眉和页脚的设置之后，需要插入封面，而且插入封面后对应内容所在的页码会发生改变，所以还要更新目录中的页码。

01 ❶在【插入】选项卡中单击【封面】图标，❷在弹出的菜单中选择【离子（浅色）】命令，完成封面的插入；在封面中修改标题等信息，并调整标题的位置，完成封面的制作。

02 将光标定位在目录中的任意位置，❶在【引用】选项卡中单击【更新目录】图标，❷在弹出的对话框中选择【只更新页码】选项，❸单击【确定】按钮，目录就会自动完成更新。至此，一份年终述职报告就制作完成了。

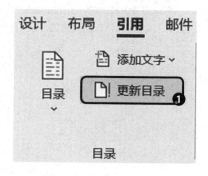
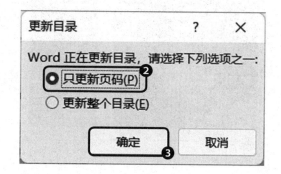

> **小贴士** 如果文档的正文部分有删减或者标题有修改，那么在执行更新目录操作的时候需要选择【更新整个目录】选项。

4.2 借助联机模板制作商业计划书

📖 案例说明

商业计划书是为了展现项目的商业前景，帮助企业勾画项目蓝图，获得投资方投融资的一份全方面的项目计划书。

一份好的商业计划书几乎包括投资方感兴趣的所有内容，需要充分展现项目的核心优势、关键团队、翔实的市场数据、商业模式、营销策略、发展规划等模块。除了内容之外，好的排版效果会更让人赏心悦目。

商业计划书完成后的效果如下页图所示。

> **思路整理**

Word 基础不是很好的读者如果想从零开始完成精美计划书的制作还是很困难的，这个时候就可以使用 Word 软件的联机搜索功能，搜索并下载合适的模板，然后将对应的文字、图片替换成自己公司的，就可以得到一份制作精美的商业计划书了。制作思路及涉及的主要知识点如下图所示。

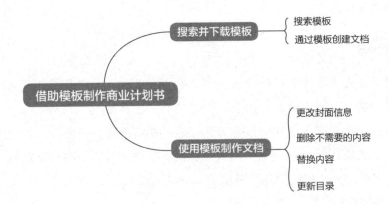

4.2.1 搜索并下载模板

Word 2021 提供了多种实用的 Word 文档模板，如工作清单、简历、工作报告、计划书等。用户可以直接搜索并下载以创建自己的文档，具体操作如下。

01 打开 Word 2021 软件，❶切换到【新建】选项卡，❷在右侧的【搜索联机模板】文本框中输入"计划"，❸单击放大镜图标进行搜索。

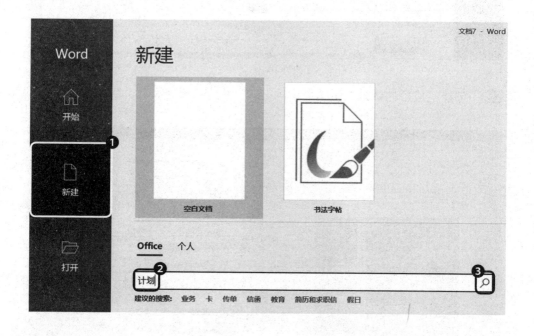

02 ❶在搜索结果中找到并选择【专业服务商业计划】选项，❷在弹出的对话框中单击【创建】按钮，完成文档的创建。

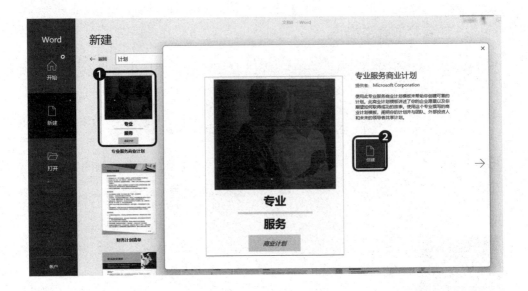

03 创建完成后的效果如下图所示。

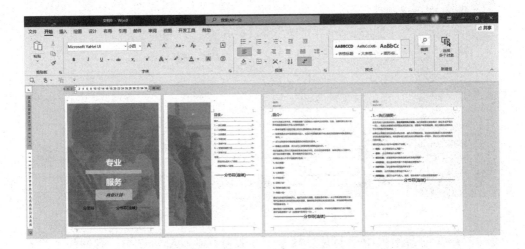

> **小贴士**
>
> 　　微软提供的联机模板基本都会给出相应内容的编写建议，如果读者是从零开始编写文档的，则可以参考其中的建议进行；本案例仅对已有文档内容，但不知如何美化的情况进行演示，故不做展开讲解。

4.2.2 使用模板快速制作文档

模板中不是所有的内容都能完美匹配我们自己的需求,所以在创建文档之后,还需要对封面的内容进行修改,删除模板正文中不需要的部分,将自己的文档的内容替换进去,最后更新目录,具体的操作如下。

1. 更换封面信息

01 在封面中完成标题内容的替换,完成后的效果如下图所示。

02 ❶双击页眉区域进入页眉和页脚编辑状态,❷选中图片后,右键单击,❸在弹出的菜单中选择【更改图片】命令,在右侧的子菜单中选择【来自文件】命令。

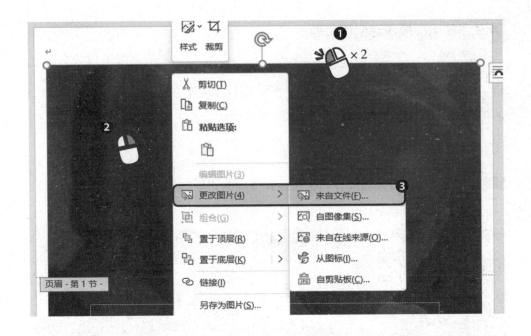

03 ❶在弹出的对话框中找到并选中"污水治理"图片,❷单击【插入】按钮,完成图片的替换。

04 图片过于明亮，不利于阅读标题。选中图片后，在【图片格式】选项卡中，❶单击【校正】图标，❷在弹出的菜单中选择【亮度：-40% 对比度：0%（正常）】选项，降低图片的亮度。

05 完成后的效果如下图所示。

2.删除模板中不需要的内容

01 在【视图】选项卡中勾选【导航窗格】选项,可以在窗口左侧显示【导航】窗格。

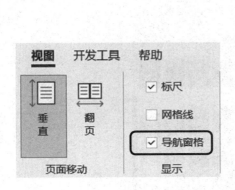

02 ❶选中【导航】窗格中的标题,右键单击,❷在弹出的菜单中选择【删除】命令,即可将对应的整个部分的内容快速删除。这里我们需要删除"运营计划""营销和销售计划""财务计划""附录"等部分,删除后的效果如下图所示。

3. 编辑要替换的内容

删除不需要的内容之后，就可以对留下来的内容进行编辑和替换了。这里以"执行摘要"部分为例，演示替换内容的具体操作。

01 在"执行摘要"标题下，❶选中到"公司概述"标题前的所有文本，❷按【Backspace】键进行删除。

02 在"【素材】项目计划书.docx"文档中复制"执行概要"标题下方到"项目概述"标题之前的所有文本，❶右键单击，❷在弹出的菜单中选择【复制】命令；返回模板文档中，❸在"执行摘要"标题下右键单击，❹在弹出的菜单中选择【仅保留文本】命令，这样可以保持粘贴的文本的格式和模板中文本的格式一致。

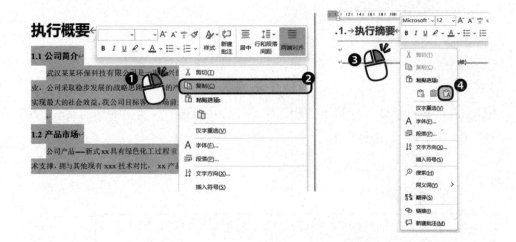

03 为小标题"公司简介"和"产品市场"应用【开始】选项卡中的"标题2"样式,为正文设置首行缩进 2 字符的缩进效果,完成后的效果如下图所示。

04 按照上述方法,完成其他部分内容的替换及格式的调整。部分完成效果如下页图所示。

4. 更新商业计划书的目录

下载的模板自带了文档目录，虽然窗口左侧的导航窗格已经实时更新，但是目录还是原来的状态，所以我们需要对目录进行更新，具体操作如下。

将光标定位在目录中的任意位置，在上方的状态栏中单击【更新目录】按钮，即可完成目录的更新。

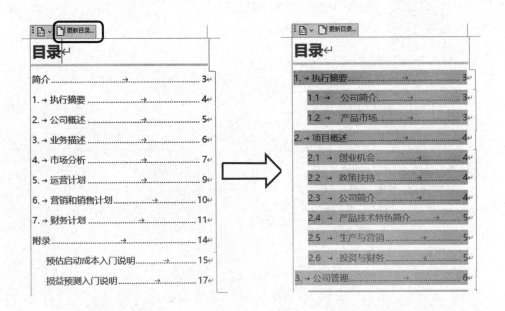

至此，我们借助 Word 提供的联机模板快速完成了商业计划书的制作，最后别忘了使用快捷键【Ctrl+S】将文档保存在电脑的文件夹中。

第 5 章
批量生成文档与邮件合并

在工作中,经常需要制作大量主题内容相同,只有个别信息有差别的文档,如信函、座签、员工工资单、邀请函、奖状或证书等。如果逐一编辑,会很烦琐且耗时。如果想快速批量制作出这类文档,就可以使用邮件合并功能。本章将通过制作公司活动邀请函和批量制作公司设备标签两个案例,为大家讲解邮件合并功能的用法。

扫码并发送关键词"秋叶三合一",观看配套视频课程。

5.1 制作公司活动邀请函

📖 案例说明

邀请函可以发送给客户、合作伙伴、内部员工，以邀请对方参加活动。邀请函的内容一般包含邀请的目的、活动时间、活动地点及受邀请方的信息。

邀请函中往往只有几个固定位置的信息（如受邀方的姓名和称呼）需要更改，手动进行复制粘贴会耗费很多时间，这个时候就可以借助 Word 软件中的邮件合并功能来进行批量制作。

活动邀请函制作完成后的效果如下图所示。

思路整理

使用邮件合并功能制作邀请函，需要准备一份邀请函模板及客户信息表。邀请函模板的制作不能只在文档上写邀请的话语，还需要注意邀请函的美观度，可以插入背景图片作为装饰。客户信息表的制作也要按照规范，最后借助邮件合并功能将客户信息表与模板链接在一起，批量生成邀请函，制作思路及涉及的主要知识点如下页图所示。

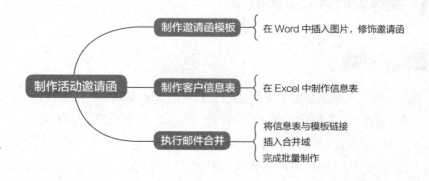

5.1.1 制作邀请函模板

邀请函模板不仅要有邀请性质的话语,还需要有一定的美观度,我们可以直接插入现成的邀请函背景图片作为装饰。

01 打开练习素材文件夹中的"邀请函模板.docx"文档,❶在【插入】选项卡中单击【图片】图标,❷在弹出的菜单中选择【此设备】命令,❸在弹出的【插入图片】对话框中找到并选中"邀请函背景"图片,❹单击【插入】按钮将图片插入模板中。

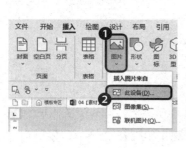 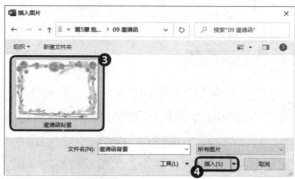

02 选中图片,❶单击右上角的【布局选项】按钮,❷在弹出的菜单中选择【衬于文字下方】命令。

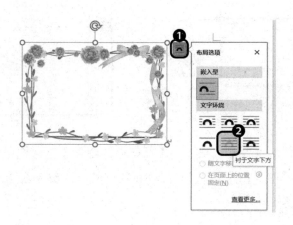

03 将图片移动到页面的左上角和边缘贴合,拖曳图片右下角的控制点,将图片放大到铺满整个页面,完成后的效果如下图所示。

5.1.2 制作客户信息表

邀请函模板制作完毕之后,就可以将客户信息输入 Excel 表格中了。

01 打开 Excel 软件后,❶新建一个空白的工作簿文件,❷将客户信息输入工作区的单元格中,完成后的效果如下页图所示。

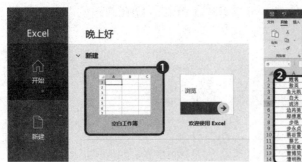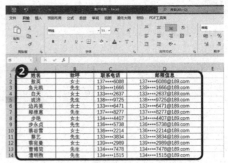

02 ❶按【F12】键打开【另存为】对话框,❷将【文件名】修改为"客户名单",❸将【保存类型】设置为"Excel 工作簿",❹单击【保存】按钮保存文档,并关闭表格。

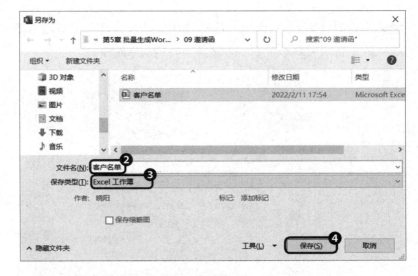

5.1.3 批量生成邀请函,并批量发送邮件

下面通过 3 步完成邀请函的批量生成,并批量发送邮件:链接客户信息表与邀请函模板、插入合并域、执行邮件合并批量发送电子邮件。

01 返回邀请函模板窗口,❶在【邮件】选项卡中单击【选择收件人】图标,❷在弹出的菜单中选择【使用现有列表】命令;❸在【选取数据源】对话框中，找到并选中"客户名单"文件，❹单击【打开】按钮；❺在【选择表格】对话框中直接单击【确定】按钮，完成信息表与邀请函模板的链接。

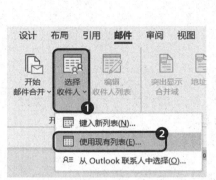
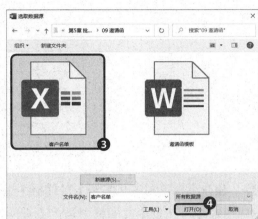

02 ❶在【邮件】选项卡中单击【插入合并域】图标，❷在弹出的菜单中依次选择【姓名】【称呼】命令，可以看到 Word 自动将"×××"替换为"<<姓名>>"，将"先生/女士"替换为"<<称呼>>"，完成后的效果如下图所示。

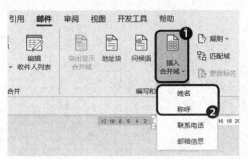

03 ❶在【邮件】选项卡中单击【完成并合并】图标，❷在弹出的菜单中选择【发送电子邮件】命令。

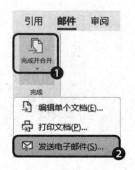

04 ❶在【合并到电子邮件】对话框中选择【收件人】为"邮箱信息"，根据需求在【主题行】文本框中输入邀请主题，【邮件格式】选择"附件"，❷选择【全部】选项，❸单击【确定】按钮，软件就会自动调用 Outlook 软件进行邀请函邮件的发送。

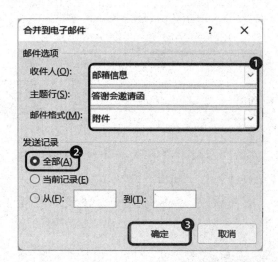

> **小贴士**
>
> 如果弹出对话框，提示用户需要创建 Microsoft Outlook 配置文件，请在单击【确定】按钮后，打开 Outlook 软件，添加自己的邮箱账号；之后再次执行发送电子邮件操作，按照提示进行邮件的发送即可。

5.2 批量制作公司设备标签

📖 案例说明

公司员工变动会涉及内部设备流动的问题,而使用设备标签可以很清楚地了解到具体是哪位员工在何时领用了哪一台设备。想要更好地管理设备,就需要制作对应的设备标签。这种结构一致的小标签,恰好可以用邮件合并功能中的另一个功能来制作。设备标签制作完成后,效果如下图所示。

编号	IT076		
日期	2021/12/18	类型	一体机
保管人	吴书云	部门	销售部

编号	IT109		
日期	2021/12/17	类型	笔记本
保管人	余幼怡	部门	总务部

编号	IT034		
日期	2021/12/09	类型	一体机
保管人	曹凌春	部门	技术部

编号	IT038		
日期	2021/12/07	类型	笔记本
保管人	袁初彤	部门	采购部

🚩 思路整理

设备标签是一种结构简单的表格型文档,需要制作多份,但是复制粘贴的方式效率太低。想要更快完成,可以借助邮件合并功能中的标签功能,先在 Word 中制作下页图 1 所示的表格,表格中余下位置的信息不用手动输入,然后通过邮件合并功能,从 Excel 表格(见图 2)中提取相应信息,并自动填入对应的位置(见图 3),生成多个设备标签。

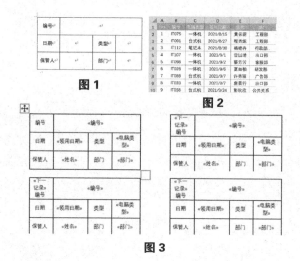

图1

图2

图3

5.2.1 制作设备标签模板

设备标签是一个较小的表格型文档，很多读者以为一页纸上的多个标签是通过复制粘贴得到的，其实借助邮件合并功能中的标签功能，可以批量生成标签，具体操作如下。

▷ 新建标签并完成创建

01 打开素材文件夹中的"标签模板.docx"文档，❶在【邮件】选项卡中单击【开始邮件合并】图标，❷在弹出的菜单中选择【标签】命令，❸在弹出的对话框中单击【新建标签】按钮。

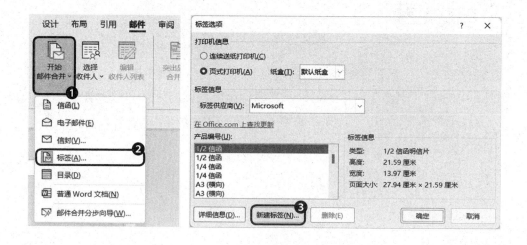

02 在【标签详情】对话框中,❶按照下图设置每一个选项的参数,❷单击【确定】按钮,完成标签的新建。

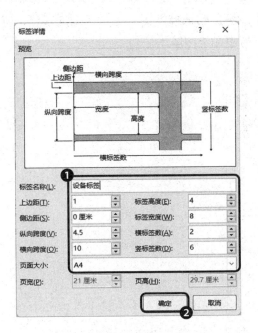

03 返回【标签选项】对话框,❶选中【设备标签】选项,❷单击【确定】按钮,完成标签的创建。

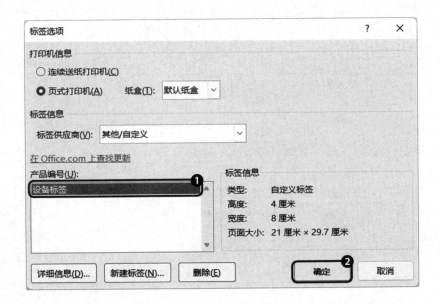

▷ 插入表格,创建设备标签模板

01 将光标定位在第一个标签中,删除其中的所有内容。❶在【插入】选项卡中单击【表格】图标,❷选择并插入 3 行 4 列的表格,将表格调整到刚好完整显示在标签中,效果如下图所示。

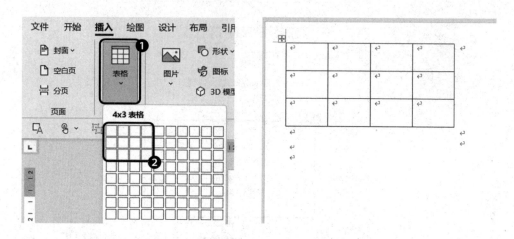

02 ❶按照需求合并单元格,❷在【布局】选项卡中修改对齐方式为【水平居中】,填写对应的文字内容到单元格中,适当将"编号""日期""保管人"所在列的列宽减小,效果如下图所示。

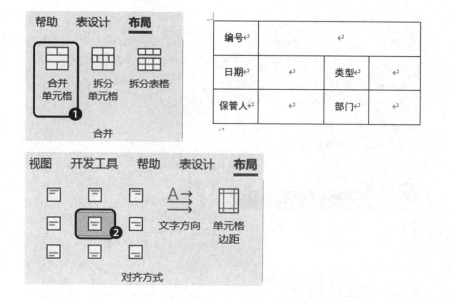

5.2.2 制作设备领用信息表

01 打开 Excel 软件，❶新建一个空白的工作簿文件，❷将设备领用信息输入工作区的单元格中，完成后的效果如下图所示。

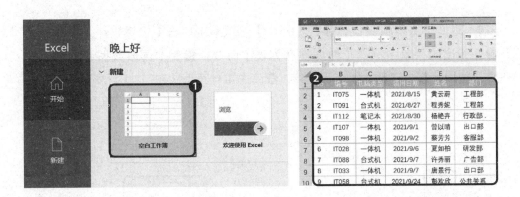

02 ❶按【F12】键打开【另存为】对话框，❷将表格的文件名设置为"设备领用"，❸将【保存类型】设置为【Excel 工作簿】，❹单击【保存】按钮并关闭文档。

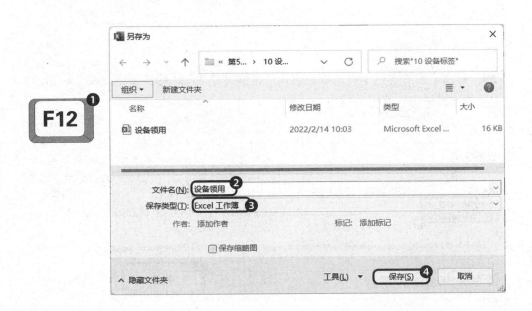

5.2.3 执行邮件合并，批量生成标签

下面通过 3 步，批量生成标签：将数据表与标签模板链接、插入合并域并更新标签、完成标签的合并。

01 返回标签模板窗口，❶在【邮件】选项卡中单击【选择收件人】图标，❷在弹出的菜单中选择【使用现有列表】命令；❸在【选取数据源】对话框中，找到并选中"设备领用"文件，❹单击【打开】按钮。

02 ❶在【选择表格】对话框中选择"电脑清单 $"，❷单击【确定】按钮，完成数据表与标签模板的链接。

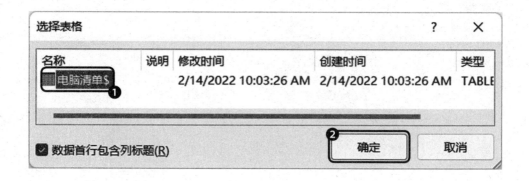

03 ❶在【邮件】选项卡中单击【插入合并域】图标，❷在弹出的菜单中将"编号""电脑类型""领用日期""姓名""部门"插入对应的单元格中；❸单击【更新标签】图标，批量完成多个设备标签的制作，完成后的效果如下图所示。

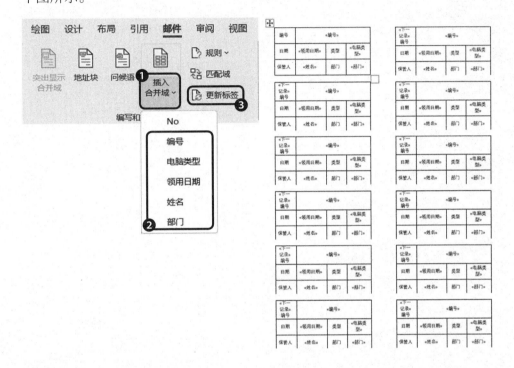

04 ❶在【邮件】选项卡中单击【完成并合并】图标，❷在弹出的菜单中选择【编辑单个文档】命令；❸在【合并到新文档】对话框中选择【全部】选项，❹单击【确定】按钮，软件就会自动完成所有设备标签的制作，并生成一份新的文档。

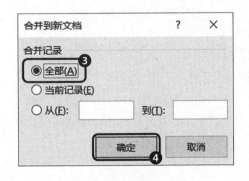

至此，设备标签就批量制作好了，最后别忘了将制作好的文档保存到电脑中。

第一篇 Excel 办公应用

- 第 6 章 工作簿和工作表的创建与美化
- 第 7 章 数据的排序、筛选与汇总
- 第 8 章 数据透视表与图表的应用
- 第 9 章 函数与公式的应用

第 6 章
工作簿和工作表的创建与美化

信息化时代产生了大量的数据信息,而这些数据信息的收集和整理离不开电子表格软件的辅助。本章将会通过制作与美化员工信息表及规范输入员工基本信息两个案例,系统讲解如何在 Excel 软件中创建表格、美化表格和规范地输入数据信息。

扫码并发送关键词"秋叶三合一",观看配套视频课程。

6.1 制作与美化员工信息表

📖 案例说明

在日常办公中，Excel 表格可以用来制作员工信息表、员工考勤表、工资表、销售报表等。其中，员工信息表是公司快速了解员工、对员工进行管理的好工具。

员工信息表制作完成后的效果如下图所示。

工号	姓名	性别	部门	学历	入职时间	联系电话

🏁 思路整理

员工信息表的结构比较简单，包含一行列标题数据，制作起来也相对容易。整个表格的制作包含了表格文件的创建、行高和列宽的调整及表格的快速美化，制作思路及涉及的主要知识点如下图所示。

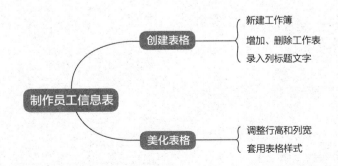

6.1.1 创建员工信息表

开始制作员工信息表之前,我们需要创建对应的 Excel 文件,我们将这样的 Excel 文件称为"工作簿"。打开工作簿后,可以看到里边包含的工作表。

1. 新建工作表与工作簿

01 打开 Excel 软件之后,在软件窗口中选择【空白工作簿】选项,如下图所示,即可快速创建一个空白工作簿。

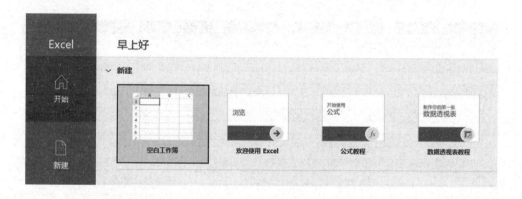

工作表就是我们平时看到的表格区域,可以在软件窗口的左下角看到名为"Sheet1"的工作表。

02 ❶右键单击"Sheet1"工作表标签,❷在弹出的菜单中选择【重命名】命令,❸将"Sheet1"修改为"员工信息表"。

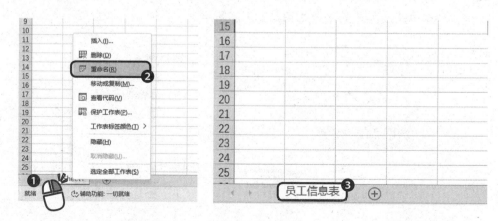

> **小贴士**
>
> 　　一个工作簿可以包含多个工作表，不同的工作表中可以存放不同的数据；可以右键单击工作表标签，进行新建、删除、隐藏和保护等操作。

03　❶按【F12】键打开【另存为】对话框，在对话框中打开对应的文件夹，❷在【文件名】文本框中输入"员工信息表"；❸在【保存类型】中选择【Excel 工作簿（*.xlsx）】；❹单击【保存】按钮，完成员工信息表的保存。

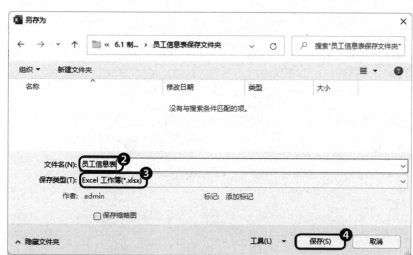

2. 录入员工信息表的文本标题

　　为了在录入信息的时候更准确，我们需要在工作表的第一行依次输入员工信息的标题，输入完成后的效果如下图所示。

	A	B	C	D	E	F	G
1	工号	姓名	性别	部门	学历	入职时间	联系电话
2							
3							

输入完一个词语后，我们往往习惯按【Enter】键，但是这样会使光标自动定位到下一行的单元格中。这里我们希望光标能"横着走"，所以输入完一个词语后，按小键盘区的方向键【→】。

6.1.2 美化员工信息表

1. 布局调整，优化表格的行高与列宽

Excel 默认所有行高和列宽都是相同的，如果遇到了字符数稍多的信息，就无法完整地显示，因此我们要对工号、入职时间、联系电话这样的列的列宽进行调整。同时，为了更好地区分标题行和信息，我们还要对表格的标题行的行高做调整。

01 ❶单击列标 A，选中整个 A 列，❷在【开始】选项卡中单击【格式】图标，❸在弹出的菜单中选择【列宽】命令；❹在【列宽】对话框中修改【列宽】为"10"，❺单击【确定】按钮，完成列宽的调整。

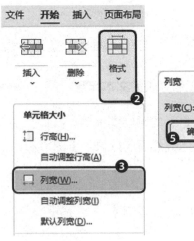

02　重复上述步骤01，将"入职时间""联系电话"所在列的列宽分别设置为"15"和"20"，完成后的效果如下图所示。

03　❶单击行号1，选中标题所在的行，❷单击【格式】图标，❸在弹出的菜单中选择【行高】命令；❹在【行高】对话框中修改行高为"25"，❺单击【确定】按钮，完成标题行行高的调整，效果如下图所示。

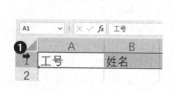
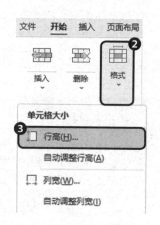

2. 一键美化，套用表格格式美化表格

可以按照行、列对表格进行美化，但是依次设置的效率太低了；我们可以直接套用软件预置的表格格式，快速实现表格的美化，具体操作如下。

01 按住鼠标左键拖曳选中包含标题行的前 15 行单元格，❶在【开始】选项卡中单击【套用表格格式】图标；❷在弹出的菜单中选择【中等色】组的第一个格式，❸在弹出的【创建表】对话框中勾选【表包含标题】选项，❹单击【确定】按钮，完成表格的一键美化。

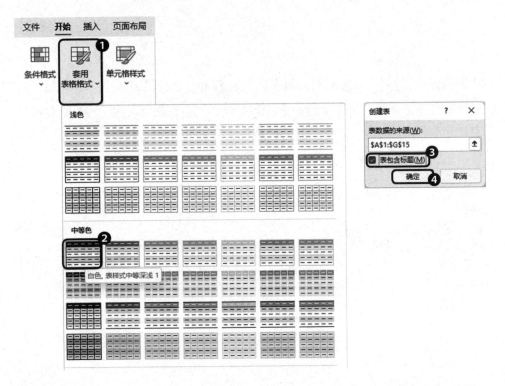

02 选中美化后的表格区域，在【开始】选项卡中设置对齐方式为【居中】，完成后的效果如下图所示。

至此，一份员工信息表就制作好了，最后记住按快捷键【Ctrl+S】保存文件。

6.2 规范录入员工基本信息

案例说明

员工信息表制作完成后需要进行信息的录入，但是表格中涉及的数据类型比较复杂，包含了纯数字型的联系电话，纯文本型的姓名、性别、部门、学历，日期型的入职时间，文本与数字混合型的工号。如果没有提前设计好格式，就会导致在录入的时候出现错误，影响日后的使用。

规范录入员工基本信息之后的效果如下图所示。

工号	姓名	性别	部门	学历	入职时间	联系电话
YG00001	杨聪	男	销售部	本科	2019/1/18	133****0445
YG00002	何静	女	财务部	本科	2019/1/23	137****2654
YG00003	吴成龙	男	市场部	本科	2019/2/17	138****7606
YG00004	朱迎曼	女	客服部	大专	2019/3/27	138****5894
YG00005	吕秋	女	客服部	中专	2019/5/3	134****1573
YG00006	水香薇	女	人资部	硕士	2019/5/24	135****9926
YG00007	东方问筠	女	研发部	博士	2019/6/13	133****0613
YG00008	钱纳	男	财务部	硕士	2019/6/26	135****4897
YG00009	郎幻波	男	研发部	硕士	2019/7/21	138****8043
YG00010	金盼夏	女	客服部	大专	2019/11/23	135****5088
YG00011	韩春喜	女	财务部	本科	2019/12/4	135****6713
YG00012	秦谷波	男	市场部	本科	2019/12/13	136****9583
YG00013	陈谷山	男	销售部	本科	2019/12/20	138****1475
YG00014	施凤美	女	研发部	博士	2019/12/22	139****4280

思路整理

员工基本信息中包含了多种类型的数据，如果每一个数据都手动输入，效率会很低。我们可以结合数据的规律与 Excel 功能实现准确高效的数据录入，制作思路及涉及的主要知识点如下。

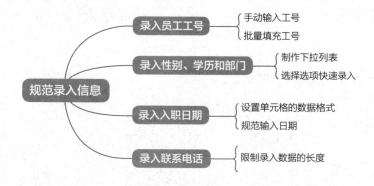

6.2.1 拖曳填充，批量录入员工工号

员工工号一般是规律性很强的文本 + 数字格式的，如"YG000001"，像这类编号，就可以在输入示例之后，借助填充柄快速完成录入，具体操作如下。

❶在 A2 单元格中输入"YG000001"，❷将鼠标指针移动到 A2 单元格的右下角，当鼠标指针变为黑色十字形状时，按住鼠标左键，向下拖曳至 A15 单元格，此时 Excel 就会自动完成工号的批量填充，效果如下图所示。

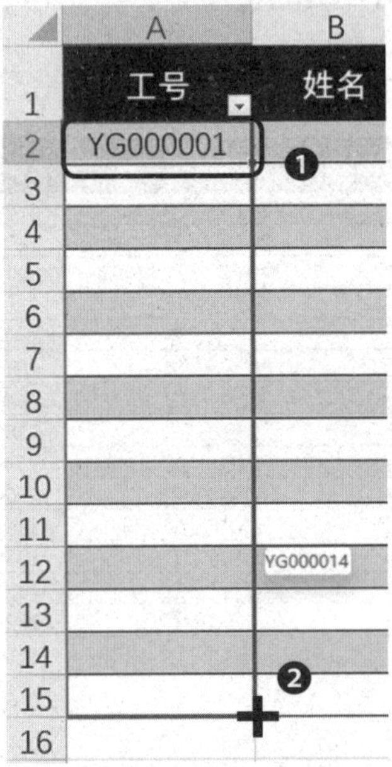

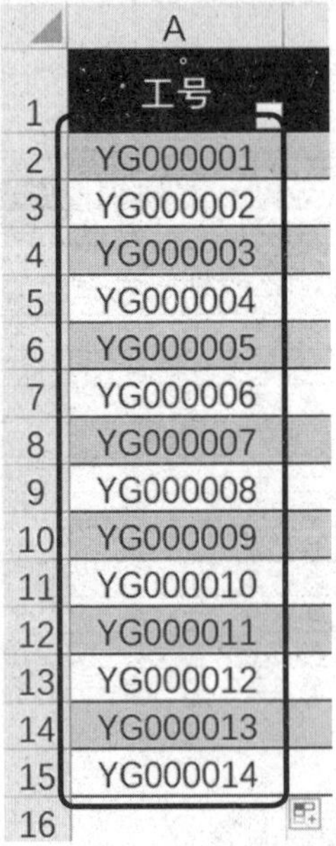

6.2.2 规范输入，正确录入员工入职时间

我们经常可以在 Excel 中见到类似"2022.01.01""20220101"这样的日期，这些日期的格式都是不规范的。如果想要 Excel 可以识别日期，就必须规范地输入日期。

1. 按规范录入员工的入职时间

按照规范的日期格式"2022/01/01"或"2022-01-01"，输入员工的入职时间，完成后的效果如下页图所示。

工号	姓名	性别	部门	学历	入职时间
YG00001	杨聪				2019/1/18
YG00002	何静				2019/1/23
YG00003	吴成龙				2019/2/17
YG00004	朱迎曼				2019/3/27
YG00005	吕秋				2019/5/3
YG00006	水香薇				2019/5/24
YG00007	东方问筠				2019/6/13
YG00008	钱纫				2019/6/26
YG00009	郎幻波				2019/7/21
YG00010	金盼夏				2019/11/23
YG00011	韩春喜				2019/12/4
YG00012	秦谷波				2019/12/13
YG00013	陈谷山				2019/12/20
YG00014	施凤美				2019/12/22

2. 设置单元格显示日期的格式

如果想让入职时间按"2022年1月1日"的格式显示，那么可以通过调整单元格的数字格式得到，具体操作如下。

❶选中所有入职时间的单元格，❷在【开始】选项卡中单击【日期】右侧的下拉按钮，❸在弹出的菜单中选择【长日期】命令，完成后的效果如下图所示。

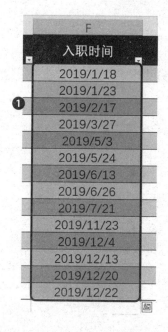

6.2.3 数据验证，高效录入固定范围的信息

在员工信息表中，性别、部门、学历这些信息都是有固定范围的，这样的信息完全可以做成下拉列表，然后直接从下拉列表中选择选项进行输入。下面以设置"性别"列为例进行演示，具体操作如下。

01 ❶选中"性别"列，❷在【数据】选项卡中单击【数据验证】图标的上半部分；❸在弹出的对话框中，将【允许】中的【任何值】改为选择【序列】，❹在【来源】文本框中输入"男,女"（男女用英文逗号","分隔），❺单击【确定】按钮，完成下拉列表的制作。

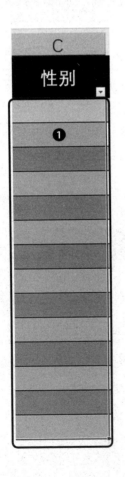
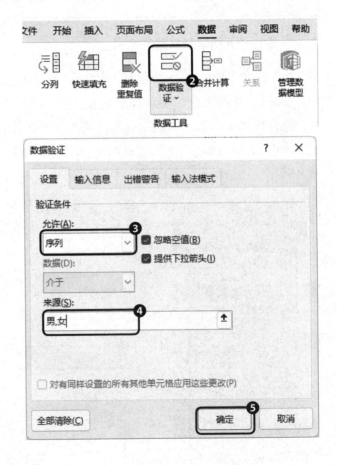

02 选中"性别"列中的任意单元格，❶单击右侧的下拉按钮，即可展开下拉列表；❷在下拉列表中选择对应的选项，即可快速完成性别的录入，完成后的效果如下图所示。

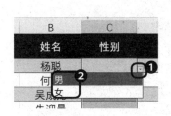

工号	姓名	性别	部门	学历	入职时间
YG00001	杨聪	男			2019年1月18日
YG00002	何静	女			2019年1月23日
YG00003	吴成龙	男			2019年2月17日
YG00004	朱迎曼	女			2019年3月27日
YG00005	吕秋	女			2019年5月3日
YG00006	水香薇	女			2019年5月24日
YG00007	东方问筠	女			2019年6月13日
YG00008	钱纨	男			2019年6月26日
YG00009	郎幻波	男			2019年7月21日
YG00010	金盼夏	女			2019年11月23日
YG00011	韩春喜	女			2019年12月4日
YG00012	秦谷波	男			2019年12月13日
YG00013	陈谷山	男			2019年12月20日
YG00014	施凤美	女			2019年12月22日

剩下的部门、学历信息都可以使用相同的方法设置下拉列表，然后通过在下拉列表选择对应的选项快速录入，完成后的效果如下图所示。

工号	姓名	性别	部门	学历	入职时间
YG00001	杨聪	男	销售部	本科	2019年1月18日
YG00002	何静	女	财务部	本科	2019年1月23日
YG00003	吴成龙	男	市场部	本科	2019年2月17日
YG00004	朱迎曼	女	客服部	大专	2019年3月27日
YG00005	吕秋	女	客服部	中专	2019年5月3日
YG00006	水香薇	女	人资部	硕士	2019年5月24日
YG00007	东方问筠	女	研发部	博士	2019年6月13日
YG00008	钱纨	男	财务部	硕士	2019年6月26日
YG00009	郎幻波	男	研发部	硕士	2019年7月21日
YG00010	金盼夏	女	客服部	大专	2019年11月23日
YG00011	韩春喜	女	财务部	本科	2019年12月4日
YG00012	秦谷波	男	市场部	本科	2019年12月13日
YG00013	陈谷山	男	销售部	本科	2019年12月20日
YG00014	施凤美	女	研发部	博士	2019年12月22日

6.2.4 数据验证，预防手机号多输漏输

在表格中输入手机号的时候经常会出现输入错误的情况，且数据量一大，就很难发现哪里出了问题。我们可以借助数据验证功能，限制单元格中输入的字符长度来防止输错，具体操作如下。

01　❶选中"联系电话"列，❷在【数据】选项卡中单击【数据验证】图标的上半部分；❸在弹出的对话框中，将【允许】修改为【文本长度】，将【数据】修改为【等于】，在【长度】文本框中输入"11"。

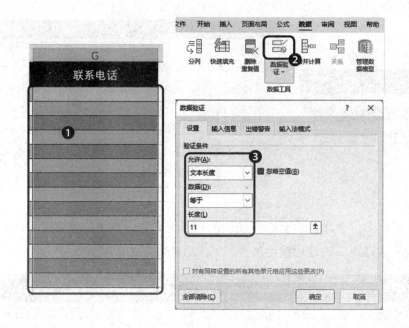

02　❶单击【出错警告】选项卡，❷修改【样式】为【警告】，❸在【标题】文本框中输入"数据错误"，❹在【错误信息】文本框中输入"请输入正确的11位手机号"，❺单击【确定】按钮，完成设置。

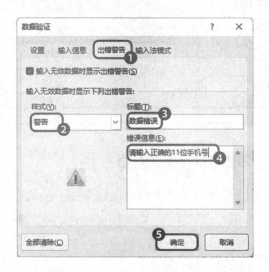

03 在"联系电话"列中任意一个单元格中输入错误位数的数字，按【Enter】键，软件就会自动弹出警告信息。正确输入完成后的效果如下图所示（为保护隐私，这里用＊替换了部分数字）。

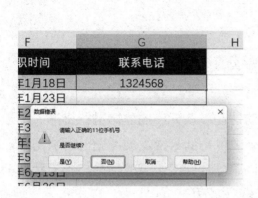

完成以上的操作，员工信息表的信息就输入完了。如果需要新增数据，只需在表格中通过拖曳填充工号，设置的表格格式会自动扩展到新增的行中。

Word *Excel* PPT

第 7 章
数据的排序、筛选与汇总

工作中充斥着大量的数据,对这些复杂无序的数据进行排序、筛选与汇总,得到有价值的信息,才能帮助公司发现问题、解决问题。本章将通过工资表的排序与汇总与仓储记录表的筛选与分析两个案例,介绍数据的排序、筛选与汇总分析。

扫码并发送关键词"秋叶三合一",观看配套视频课程。

7.1 工资表的排序与汇总

📖 案例说明

公司每个月都会为不同部门的员工发放工资,财务部门就需要对员工的工资进行统计。工资表包含员工的部门、班组、姓名、性别、入职时间及各项工资明细等信息。当完成工资表的填写之后,需要根据需求对数据进行排序和汇总统计,以方便领导查看。工资表的排序和汇总结果如下图所示。

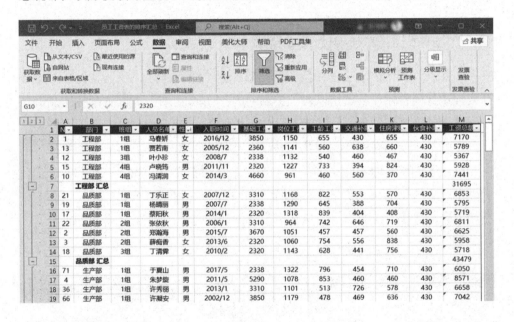

🔍 思路整理

如果工资表按照最后的工资总额进行排序,就只需要对单列数据进行升降序排列。如果排序比较复杂,例如先按部门进行顺序,然后按小组进行顺序,再按性别进行顺序,最后再按工资总额进行排序,就需要用自定义排序功能对条件进行优先级设置。如果想要按照某个条件对数据进行汇总,就可以用汇总功能来实现。制作思路及涉及的主要知识点如下页图所示。

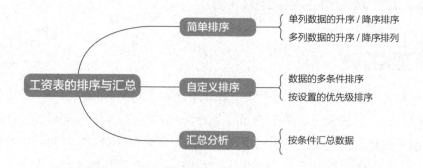

7.1.1 对单列工资数据进行简单排序

如果只对表格中的某一列数据按照数据大小进行排序,我们就可以对这一列数据进行简单排序。这里以对工资表中的"基础工资"列的数据按照从大到小的顺序进行排序为例进行演示,具体操作如下。

❶单击"基础工资"列中的任意单元格,❷在【开始】选项卡中单击【排序和筛选】图标,❸在弹出的菜单中选择【降序】命令,此时"基本工资"列的数据就会按从大到小的顺序从上往下进行排列,同时对应的其他列的数据也会随之发生变化,排序后的效果如下图所示。

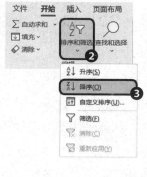

7.1.2 对表格数据进行自定义排序

Excel 表格数据的排序不仅涉及简单的升降序排序，还涉及更为复杂的排序。例如、在基础工资都相同的情况下，按岗位工资进行排序；对一些没有明显大小关系的文本型数据进行排序；按照部门顺序进行排序，这些都需要更进一步的操作。

1. 设置多个排序条件

如果想要按照多个条件对工资表进行排序，那么我们只需要在【排序】对话框中添加主要条件和次要条件即可。这里以主要条件为按"基础工资"降序排序、次要条件为按"岗位工资"升序排序为例进行演示，具体操作如下。

01 单击数据区域中的任意一个单元格，❶在【数据】选项卡中单击【排序】图标，打开【排序】对话框，❷将【主要关键字】设置为【基础工资】，【次序】设置为【降序】。

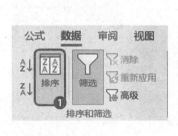
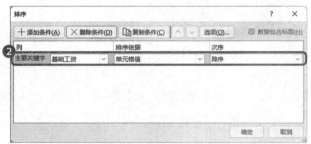

02 ❶单击【添加条件】按钮，❷将【次要关键字】设置为【岗位工资】，【次序】设置为【升序】，❸单击【确定】按钮，即可完成多个排序条件的设置。

2. 为文本型数据创建自定义序列

像部门、岗位这样的文本型数据，无法通过大小关系进行排序，如果我们想让它们按照一定的顺序排列，就需要用到自定义序列这一功能。这里以"部门"为主要关键字，按照"工程部""品质部""生产部""销售部"的顺序排列，"班组"按升序排序，"人员名单"按笔画升序排序的要求进行演示，具体操作如下。

01 选中数据区域中的任意一个单元格，❶在【数据】选项卡中单击【排序】图标，打开【排序】对话框，❷将【主要关键字】设置为【部门】，❸单击【次序】输入框右侧的下拉按钮，❹在弹出的菜单中选择【自定义序列】选项。

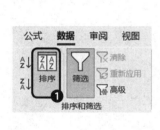

02 ❶在弹出的对话框的【输入序列】文本框中输入"工程部""品质部""生产部""销售部"，每个部门换行输入，❷单击【添加】按钮完成序列的添加。

03 ❶选择新添加的序列，❷单击【确定】按钮，完成序列的选择。

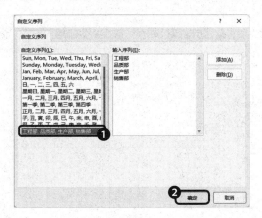

04 ❶单击两次【添加条件】按钮，❷将【次要关键字】修改为【班组】，【次序】修改为【升序】；❸修改第二个【次要关键字】为【人员名单】，【次序】修改为【升序】；❹单击【选项】按钮。

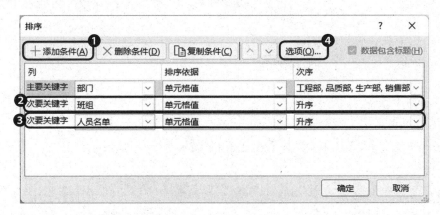

05 在弹出的对话框中选中【笔划排序】选项，依次单击【确定】按钮，完成排序。

06 排序结果如下图所示。

N	部门	班组	人员名单	性别	入职时间	基础工资	岗位工资	工龄工资	交通补助	住房津贴	伙食补助	工资总额
1	工程部	1组	马春娇	女	2016/12/19	3850	1150	655	430	655	430	7170
13	工程部	1组	贾若南	女	2005/12/11	2360	1141	560	638	660	430	5789
12	工程部	3组	叶小珍	女	2008/7/20	2338	1132	540	460	467	430	5367
15	工程部	4组	卢晓筠	男	2011/11/30	2320	1227	733	394	824	430	5928
10	工程部	4组	冯清润	女	2014/3/10	4660	961	460	560	370	430	7441
21	品质部	1组	丁乐正	女	2007/12/11	3310	1168	822	553	570	430	6853
19	品质部	1组	杨晴丽	男	2007/7/19	2338	1290	645	388	704	430	5795
17	品质部	1组	蔡阳秋	男	2014/1/13	2320	1318	839	404	408	430	5719
22	品质部	1组	张依秋	男	2006/1/11	3310	964	742	646	719	430	6811
2	品质部	2组	郑瀚海	男	2017/5/17	3670	1051	457	457	560	430	6625
3	品质部	2组	薛痴香	女	2013/6/17	2320	1060	754	556	838	430	5958
18	品质部	3组	丁清彝	女	2010/2/3	2320	1143	628	441	756	430	5718
71	生产部	1组	于夏山	男	2017/5/8	2338	1322	796	454	710	430	6050
4	生产部	1组	朱梦旋	男	2011/5/13	5290	1078	853	460	460	430	8571
36	生产部	1组	许秀丽	男	2013/1/12	3310	1101	513	726	578	430	6658
66	生产部	1组	许凝安	男	2002/12/19	3850	1179	478	469	636	430	7042
47	生产部	1组	杨奇文	女	2005/1/9	3670	1169	495	630	588	430	6982
31	生产部	1组	吴书云	男	2006/7/9	3310	1266	756	578	585	430	6925
57	生产部	1组	吴向筠	男	2016/2/22	4660	1086	648	658	454	430	7936
42	生产部	1组	姜浩初	女	2015/2/10	2320	1061	648	534	486	430	5479
5	生产部	1组	黄向露	男	2017/9/11	3310	1123	457	470	660	430	6450
62	生产部	1组	董秀越	女	2015/11/27	5290	1222	714	560	747	430	8963
67	生产部	2组	丁之双	女	2013/12/9	5290	1172	678	465	469	430	8504
68	生产部	2组	冯妙晴	女	2007/2/23	3310	1084	707	461	675	430	6667
24	生产部	2组	杜香薇	女	2005/11/26	2320	1054	619	422	600	430	5445
58	生产部	2组	林夏瑶	男	2010/12/19	3310	1044	761	693	407	430	6645

7.1.3 对工资表进行汇总统计

在完成排序之后、对数据进行汇总统计前，只有明确了汇总的目的，才能找到最合适的汇总方式。如果想看各个部门的工资总支出，就需要按照部门对工资总额进行汇总求和，具体操作如下。

01 单击数据区域中的任意一个单元格，❶在【数据】选项卡中单击【分类汇总】图标；在弹出的【分类汇总】对话框中❷设置【分类字段】为【部门】，❸设置【汇总方式】为【求和】，❹选择【工资总额】为汇总项，❺单击【确定】按钮，完成部门工资总额的汇总。

第7章 数据的排序、筛选与汇总

02 工资表按照部门工资总额汇总后的效果如下图所示。

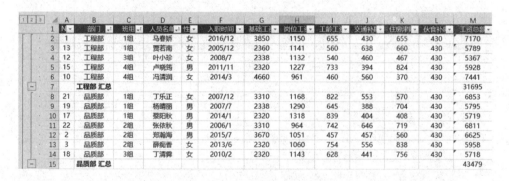

单击数据区域左上角的 1 2 3，可以分别查看 3 个级别的汇总数据。

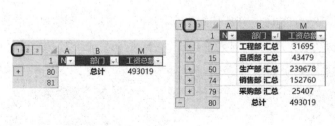

| 137 |

7.2 仓储记录表的筛选与分析

案例说明

仓储记录表是公司管理产品进货与销售的统计表，表中包含了产品的名称、规格、原始数量、进货数量、销售数量等基本信息。一般情况下，当产品种类过多时，需要进行筛选才可以在密密麻麻的数据中找到需要的数据。对仓储记录表进行筛选后的效果如下图所示。

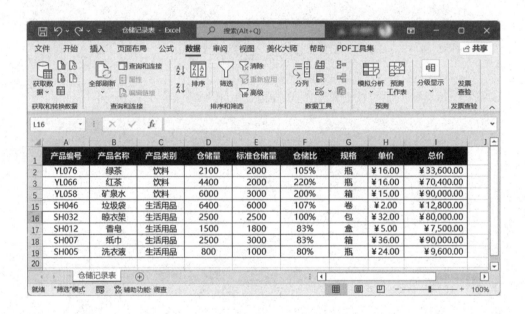

思路整理

仓储记录表中有相当繁杂的数据，想要获取到所需的数据就需要根据需求对数据进行筛选。如果只是简单筛选，例如筛选出大于或小于某个数值的数据，就直接用简单筛选功能；如果需要筛选出符合某些条件的数据，就需要用到自定义筛选功能或者高级筛选功能。筛选仓储记录表的思路及涉及的主要知识点如下页图所示。

第 7 章
数据的排序、筛选与汇总

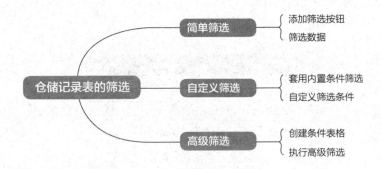

7.2.1 对仓储记录表进行简单筛选

公司产品的种类繁多，如果只想看某一种产品的仓储信息，就可以用简单筛选功能快速实现。这里以仅查看"生活用品"为例进行演示，具体操作如下。

01 选中数据区域中的任意一个单元格，❶在【数据】选项卡中单击【筛选】图标，为标题行添加筛选按钮；❷单击"产品类别"单元格右侧的筛选按钮，❸在弹出的菜单中只勾选【生活用品】选项，❹单击【确定】按钮。

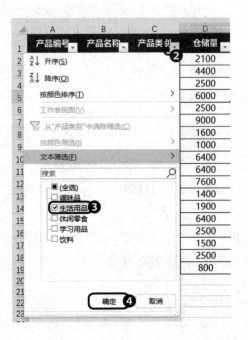

| 139

02 筛选后的效果如下图所示。

	A	B	C	D
1	产品编号	产品名称	产品类别	仓储量
15	SH046	垃圾袋	生活用品	6400
16	SH032	晾衣架	生活用品	2500
17	SH012	香皂	生活用品	1500
18	SH007	纸巾	生活用品	2500
19	SH005	洗衣液	生活用品	800
20				

如果想要恢复原始数据，则在【数据】选项卡中单击【清除】图标即可。

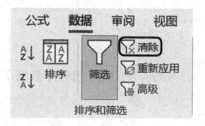

7.2.2 对仓储记录表进行自定义筛选

自定义筛选是利用筛选预设的条件功能设置筛选条件，筛选出等于、大于、小于某个数值的数据；还可以灵活使用"与"和"或"这样的逻辑来组合成多重条件进行筛选。

1. 自定义筛选小于或等于某一数值的数据

当产品库存与标准库存的比例小于一定数值的时候，就需要及时补充仓储数量。这里以筛选出仓储比小于等于 120% 的数据为例进行演示，具体操作如下。

01 ❶单击"仓储比"单元格右侧的筛选按钮，❷在弹出的菜单中选择【数字筛选】命令，❸在右侧的子菜单里选择【小于或等于】命令。

02 ❶在弹出的【自定义自动筛选方式】对话框的【小于或等于】文本框中输入"120%",❷单击【确定】按钮,完成自定义筛选,效果如下图所示。

2. 自定义筛选小于等于某个数值或大于等于另一个数值的数据

当仓储比大于等于某个数值的时候，说明货物积压过多，需要尽快消耗库存。如果我们想要同时筛选出需要补仓和消耗的产品，就可以用自定义筛选功能中的逻辑词"或"来实现。

01 ❶单击"仓储比"单元格右侧的筛选按钮，❷在弹出的菜单中选择【数字筛选】命令，❸在右侧的子菜单中选择【自定义筛选】命令。

02 ❶在【自定义自动筛选方式】对话框的【小于或等于】文本框中输入"120%"，❷选择【或】选项，❸在下方的条件框中选择【大于或等于】选项，在其右侧的文本框中输入"150%"，❹单击【确定】按钮，完成自定义筛选。

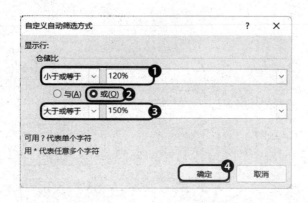

	A	B	C	D	E	F	G	H	I
1	产品编号	产品名称	产品类别	仓储量	标准仓储量	仓储比	规格	单价	总价
2	YL076	绿茶	饮料	2100	2000	105%	瓶	¥16.00	¥33,600.00
3	YL066	红茶	饮料	4400	2000	220%	瓶	¥16.00	¥70,400.00
5	YL058	矿泉水	饮料	6000	3000	200%	箱	¥15.00	¥90,000.00
7	XY024	笔记本	学习用品	9000	5000	180%	本	¥1.20	¥10,800.00
8	XY015	圆珠笔	学习用品	1600	2000	80%	支	¥3.50	¥5,600.00
9	XX056	糖果	休闲零食	1000	1000	100%	箱	¥38.00	¥38,000.00
10	XX033	薯片	休闲零食	6400	3000	213%	包	¥6.00	¥38,400.00
11	XX017	火腿肠	休闲零食	6400	3000	213%	箱	¥68.00	¥435,200.00
12	XX008	方便面	休闲零食	7600	4000	190%	箱	¥32.00	¥243,200.00
15	SH046	垃圾袋	生活用品	6400	6000	107%	卷	¥2.00	¥12,800.00
16	SH032	晾衣架	生活用品	2500	2500	100%	包	¥32.00	¥80,000.00
17	SH012	香皂	生活用品	1500	1800	83%	盒	¥5.00	¥7,500.00
18	SH007	纸巾	生活用品	2500	3000	83%	箱	¥36.00	¥90,000.00
19	SH005	洗衣液	生活用品	800	1000	80%	瓶	¥24.00	¥9,600.00

7.2.3 表格数据的高级筛选

自定义筛选功能最多能实现两个条件的设置，如果遇到复杂的筛选条件就没办法使用了。这个时候就需要用到高级筛选功能，先创建条件表格，然后一次性完成多条件的筛选。

这里以查看"生活用品"和"饮料"中仓储比小于等于120%或仓储比大于等于150%的产品为例，演示高级筛选功能的用法，具体操作如下。

01 在数据区域以外的区域制作下图所示的表格。需要注意的是，表格的列标题要和待筛选的数据区域的列标题一致，否则无法完成筛选。

	M	N
1	产品类别	仓储比
2	饮料	>=150%
3	饮料	<=120%
4	生活用品	>=150%
5	生活用品	<=120%

02 单击待筛选的数据区域中任意一个单元格，❶在【数据】选项卡中单击【高级】图标；在【高级筛选】对话框中，❷选择【方式】为【在原有区域显示筛选结果】，【列表区域】会自动填入相应内容；❸将光标定位在【条件区

域】文本框中，❹拖曳鼠标选中条件区域，❺单击【确定】按钮完成筛选，完成后的效果如下图所示。

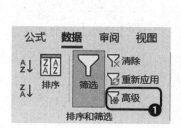

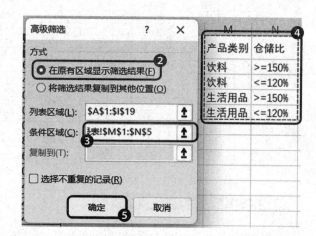

第 8 章
数据透视表与图表的应用

当表格数据量大、类别繁多的时候,排序和筛选已经无法满足我们查看和分析数据的需求,此时就可以根据需求创建多个数据透视表来快速分析不同数据项目的情况。为了更为直观地看到数据之间的关系,还可以将数据表格转换为不同类型的图表。本章将通过制作销售数据透视表和制作销售数据图表两个案例,演示如何借助数据透视表和图表分析数据。

扫码并发送关键词"秋叶三合一",
观看配套视频课程。

8.1 制作销售数据透视表

案例说明

每个公司都有对应的商品需要销售,为了分析与衡量销售情况,了解今后是否需要进行调整,需要对销售数据进行统计与分析。表格中记录的数据包含时间、销售区域、销售门店、商品种类、销售数量、价格、利润等信息。我们可以根据不同的分析需求,制作出不同的数据透视表,提高分析数据的效率。如果想了解不同店铺、不同商品的销售情况,可以制作下图所示的数据透视表。

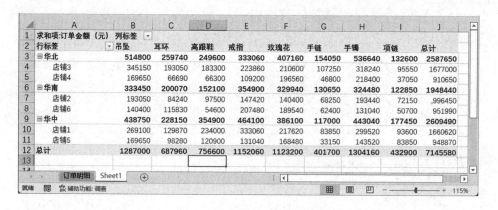

如果想了解不同商品1~12月的订单数量,可以制作下图所示的数据透视表。

> 思路整理

制作数据透视表前需要有规范的数据记录表格，之后就可以利用规范的数据记录表格进行数据透视表的制作。在生成的数据透视表中，我们可以通过修改布局来美化数据透视表，还可以通过调整数据的汇总方式和显示方式得到不同的计算结果。制作思路及涉及的主要知识点如下图所示。

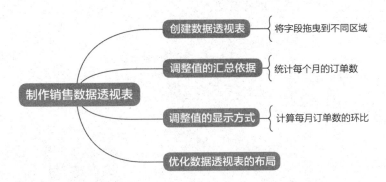

8.1.1 创建数据透视表

1. 规范记录销售数据

创建数据透视表前需要有规范的数据记录表格，规范的数据记录表应符合这几点要求：❶数据区域的第一行为列标题；❷列标题不能重名；❸每列数据为同一种类型的数据；❹必须是一维表格，而不是二维表格。本案例中的销售统计表如下图所示。

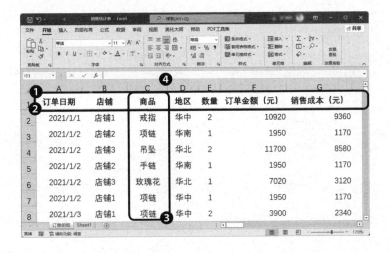

2.选择数据区域，创建数据透视表

选中数据区域中的任意一个单元格，❶在【插入】选项卡中单击【数据透视表】图标，在弹出的【选择表格或区域】对话框中，Excel 会自动将整个销售统计表的数据区域作为【表/区域】后的内容；❷选择【新工作表】选项，表示将数据透视表创建在新工作表中；❸单击【确定】按钮，Excel 会自动新建一个工作表，并完成数据透视表的创建。

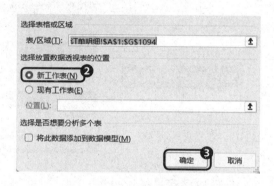

完成后的效果如下图所示，左侧会出现一个名为"数据透视表 1"的空白透视表区域，右侧会自动弹出【数据透视表字段】窗格。

3.将字段放置在对应的区域，汇总各店铺 1~12 月的销售金额

创建好数据透视表后，需要根据需求在【数据透视表字段】窗格中选择合

适的字段，并放置在对应的区域。这里以创建 1~12 月各店铺销售金额的数据透视表为例进行演示，具体操作如下。

01 在【数据透视表字段】窗格中，将【订单日期】字段拖曳到【行】区域中，这时在【行】区域中就会出现【月】和【订单日期】两个字段。

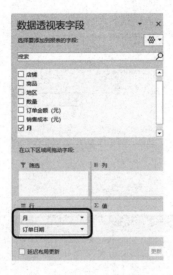

02 ❶将【订单日期】字段拖曳到【数据透视表字段】窗格之外，❷这样【行】区域中就只保留了【月】字段。

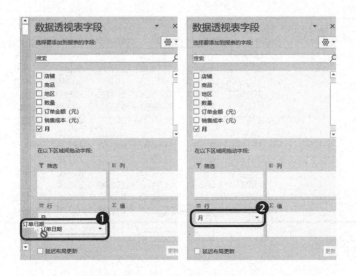

03 ❶将【店铺】字段拖曳至【列】区域中，❷将【订单金额（元）】字段拖曳到【值】区域中，完成数据透视表的制作，效果如下图所示。

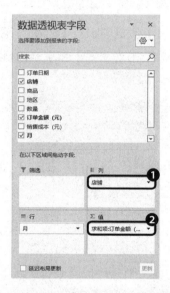

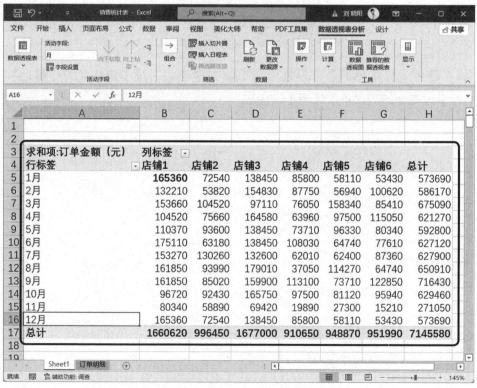

8.1.2 设置值的汇总方式，按店铺统计商品的订单数量

将字段拖曳到【值】区域中之后，默认会对数据进行求和计算。如果想要获取其他形式的计算结果，就需要手动调整数据的汇总依据。根据需求可以进行计数，求平均值、最大值、最小值、方差等计算。这里以统计各个月不同店铺的订单数量为例进行演示，具体操作如下。

01 在【数据透视表字段】窗格中，❶单击【值】区域中的【求和项：订单金额（元）】字段，❷在弹出的菜单中选择【值字段设置】命令。

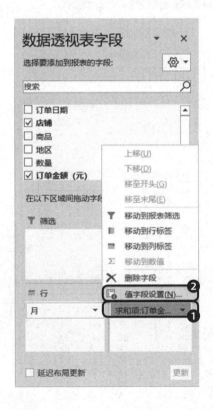

02 ❶在【值字段设置】对话框中将【自定义名称】修改为【订单数】，❷将【计算类型】修改为【计数】，❸单击【确定】按钮即可完成数据透视表的制作。

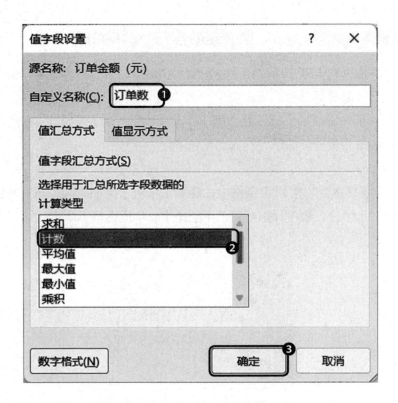

03 制作完成后数据透视表的显示效果如下图所示。

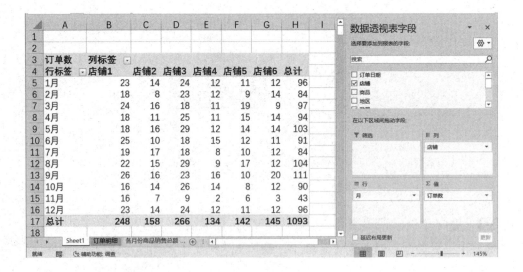

8.1.3 调整值的显示方式，计算订单数量的环比

数据透视表的强大之处不仅在于可以快速将一维表格转换为二维表格，还在于可以在不借助任何函数的情况下实现多种形式的数据的计算，例如计算数据之间的差异、差异百分比、占总计的比例等，这些需要通过调整数据透视表的值的显示方式来实现。

这里以计算商品各个月订单数环比为例进行演示，各个月订单数环比的计算公式如下所示，但是用数据透视表可以直接得到结果，具体操作如下。

$$月份订单数环比 = \frac{当月订单数 - 上月订单数}{上月订单数} \times 100\%$$

01 在【数据透视表字段】窗格中，❶单击【值】区域中的【订单数】字段，❷在弹出的菜单中选择【值字段设置】命令；在对话框中，❸切换到【值显示方式】选项卡，❹修改【值显示方式】为【差异百分比】，❺选择【基本字段】为【月】，❻选择【基本项】为【（上一个）】，❼单击【确定】按钮。

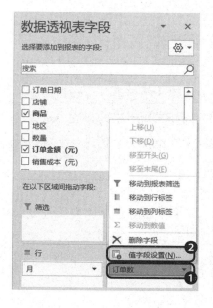
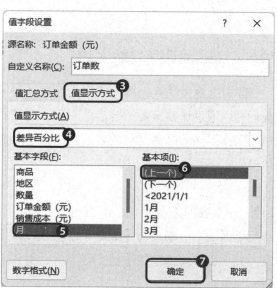

02 完成后的效果如下图所示。因为销售统计表中没有 2020 年 12 月的数据，故 1 月的环比为空。

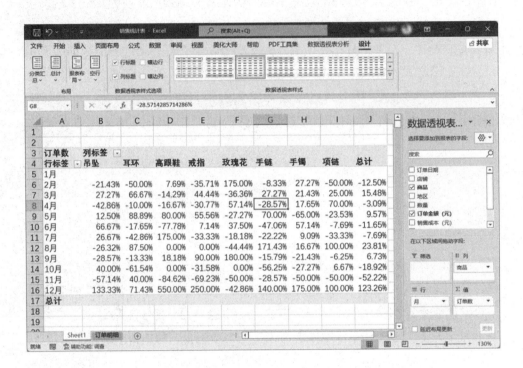

8.1.4 优化数据透视表的布局

数据透视表默认以压缩的形式呈现，与一般规整的数据表差异较大，这时我们可以通过调整数据透视表的布局，将其调整到和常规表格的布局一致。这里以制作不同地区各店铺的各商品的销售总额的数据透视表为例进行演示，具体操作如下。

01 在【数据透视表字段】窗格中，❶将【地区】【店铺】字段先后拖曳到【行】区域中，❷再将【商品】字段拖曳到【列】区域中，❸最后将【订单金额（元）】字段拖曳到【值】区域中，得到所需的数据透视表，效果如下页图所示。

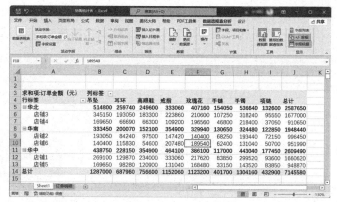

02 在【数据透视表分析】选项卡右侧的【设计】选项卡中，❶单击【报表布局】图标，❷在弹出的菜单中选择【以表格形式显示】命令。

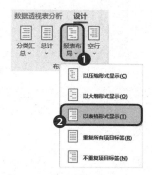

03 数据透视表自动转换为我们熟悉的常规表格的样式，效果如下图所示。

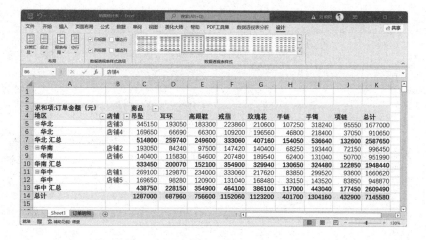

如果不想让表格中出现各个地区的汇总和总计数据，❶可以在【设计】选项卡中单击【分类汇总】图标，❷在弹出的菜单中选择【不显示分类汇总】命令；❸单击【总计】图标，❹在弹出的菜单中选择【对行和列禁用】命令，完成后的效果如下图所示。

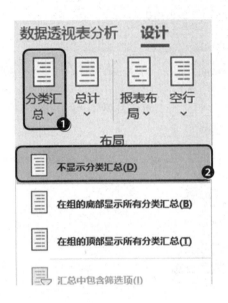
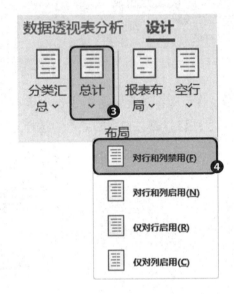

8.2 制作销售数据图表

案例说明

公司的销售数据繁杂，虽然可以借助数据透视表完成数据的统计与分析，但"文不如表，表不如图"，把数据透视表转换为图表可以更直观地呈现数据之间的关系。如果再为图表添加上切片器，就可以方便地根据自己的需求调整图表显示的数据量，以更好地了解销售情况，并做出后续的调整。销售数据图表制作完成后的效果如下图所示。

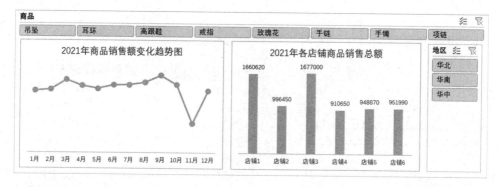

思路整理

想要在 Excel 中正确地创建图表，必须先选中数据表，然后根据需求选择类型合适的图表并插入；如果图表的类型选择错误，不必重新插入图表，只需修改图表的类型即可。为了让图表更美观，还需要对图表的布局、格式进行调整。制作思路及涉及的主要知识点如下图所示。

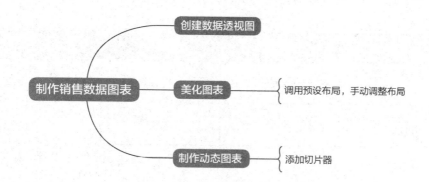

8.2.1 创建数据图表

想要正确地创建数据图表,需要先选中结构正确的数据表,然后根据需求选择类型合适的图表并插入。这里以创建各店铺商品销售额对比图为例进行讲解,具体操作如下。

1. 创建正确的数据表

在 8.1 节中我们已经学会了如何借助数据记录表创建符合需求的数据透视表,❶将【店铺】字段拖曳至【行】区域中,❷将【订单金额(元)】字段拖曳至【值】区域中,即可得到正确的店铺商品销售额统计表,如下图所示。

	A	B
2		
3	行标签	求和项:订单金额(元)
4	店铺1	1660620
5	店铺2	996450
6	店铺3	1677000
7	店铺4	910650
8	店铺5	948870
9	店铺6	951990
10	总计	7145580

2. 选择图表类型并插入图表

Excel 为用户提供了非常多类型的图表,但是很多读者不知道如何根据需求去选择图表。这里给大家一个选择图表的表格示例,以帮助大家从需求出发,定位关键词,确定数据关系,找到需要的图表类型。

图表需求	关键词	数据关系	图表类型
秋叶团队各年龄层粉丝占比	占比、份额、比重	构成	饼图、圆环图
秋叶团队各年龄层粉丝对比	大于、小于、排名	比较	柱形图、条形图

续表

图表需求	关键词	数据关系	图表类型
秋叶商品质量与价格的关系	与……有关，随……改变	相关	散点图、气泡图
秋叶团队粉丝数持续增长	增长、减少、提升	趋势	折线图
各训练营从5个方面进行综合分析	方面、综合	综合	雷达图
粉丝集中分布在25~30岁之间	集中、频率、分布	范围	直方图

这里我们要制作的是销售额对比图，很容易就能定位到关键词为"对比"，因此选择图表类型为柱状图。接下来我们插入图表，具体操作如下。

01 选中数据透视表，❶在【插入】选项卡中单击【插入柱形图或条形图】图标，❷在弹出的菜单中选择【簇状柱形图】选项。

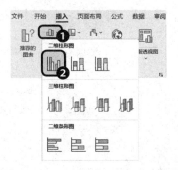

02 簇状柱形图的效果如下图所示。

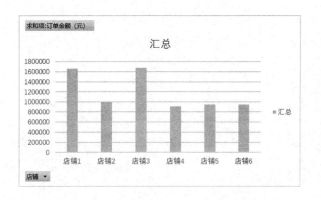

3. 更改图表类型

如果制作图表的需求发生了变化，例如需要展示店铺销售额的变化趋势或者要展示各店铺销售额的占比情况，那么不需要重新插入图表，直接在现有的图表上更改图表类型即可。这里以将销售额对比图更改为销售额变化趋势图为例进行演示，具体操作如下。

01 选中柱形图，在【设计】选项卡中单击【更改图表类型】图标。

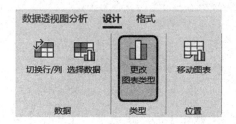

02 在弹出的【更改图表类型】对话框中，❶选择【折线图】，❷在右侧选择【带数据标记的折线图】选项，❸单击【确定】按钮，即可完成图表类型的更改。

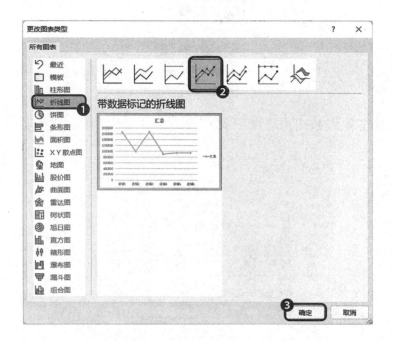

03 更改图表类型之后的效果如下图所示。

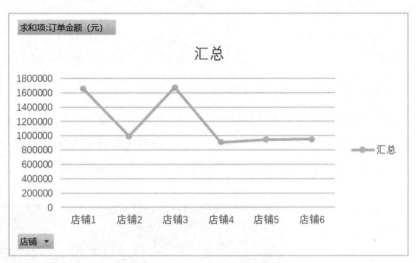

8.2.2 快速美化图表

Excel 中内置了多种图表样式，在制作完图表后通过选择图表样式就可以快速完成图表的美化，具体操作如下。

❶选中图表，❷在【设计】选项卡中选择【样式 7】选项，即可快速完成图表的美化。

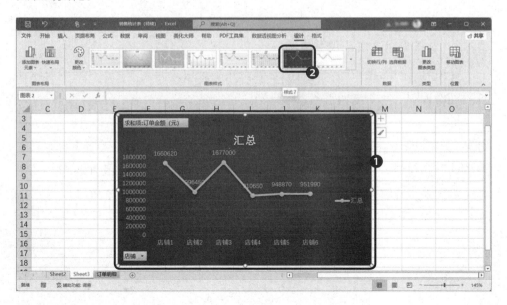

8.2.3 调整图表的布局

插入图表后,默认布局的图表中还缺失很多元素,例如每个数据点上显示的数据标签、坐标轴名称、数据表格等,我们可以根据需要进行元素的添加。

➡ 使用软件内置的布局效果快速调整布局

Excel 为图表内置了多种布局效果,选中图表后,❶在【设计】选项卡中单击【快速布局】图标,在弹出的菜单中根据预览图选择布局效果,❷这里选择第二行的【布局5】选项,完成布局的快速切换,效果如下图所示。

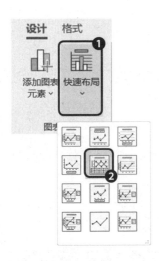
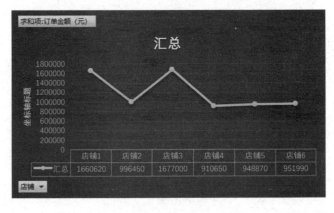

➡ 根据需求自定义调整布局

软件内置的图表布局效果有的时候无法满足用户的需求,这个时候可以通过手动添加图表元素来调整图表的布局。

01 选中图表,单击右上角的"➕"按钮,在弹出的菜单中单击【坐标轴】右侧的三角符号,取消勾选【主要纵坐标轴】选项;取消勾选【坐标轴标题】和【数据表】选项,勾选【数据标签】选项,得到下页图所示的效果。

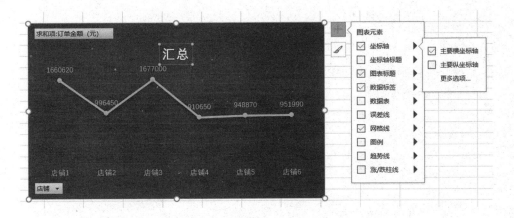

02 图表上还有数据透视表中对应的字段按钮，❶在【数据透视图分析】选项卡中单击【字段按钮】图标，❷在弹出的菜单中选择【全部隐藏】命令，将字段按钮隐藏，完成后的效果如下图所示。

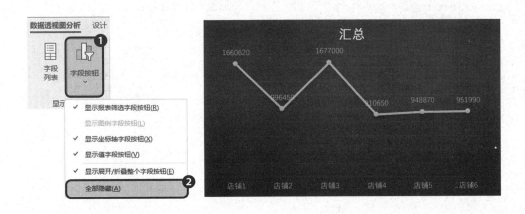

8.2.4 添加切片器让图表动起来

依据数据透视表制作的图表可以通过添加对应的切片器实现对数据的筛选，从而制作出动态图表的效果。同时也可以用同一个切片器关联从同一个数据透视表中制作出的图表，进而实现用一个切片器控制多个图表的效果。

这里以制作"2021年商品销售额变化趋势图"和"2021年各店铺商品销售总额对比图"为例进行讲解。

➡ 制作数据透视表

根据 8.1 节中的内容选择合适的字段，在同一个工作表中制作各月份商品销售额和各店铺商品销售额数据透视表，字段的选择和对应的数据透视表如下图所示。

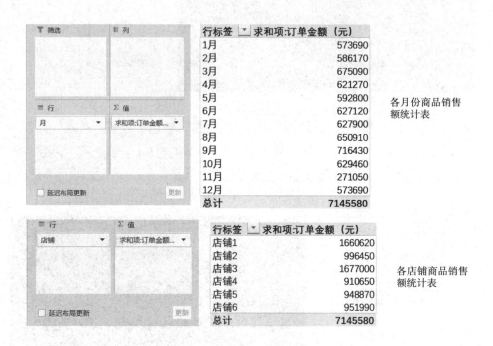

各月份商品销售额统计表

各店铺商品销售额统计表

➡ 根据需求制作图表

各月份商品销售额变化趋势图需要制作成带数据标签的折线图，仅保留图表标题和主要横坐标轴；而各店铺商品销售总额对比图则需要制作成柱形图，保留图表标题、主要横坐标轴，并添加数据标签，完成后的效果如下图所示。

第 8 章 数据透视表与图表的应用

▷ 添加切片器并与数据透视表进行关联

01 选中商品销售额变化趋势图,在【数据透视图分析】选项卡中单击【插入切片器】图标。

02 ❶在弹出的对话框中勾选【商品】和【地区】两个选项,❷单击【确定】按钮,插入两个切片器。

▷ 调整切片器的显示效果

01 ❶选中【商品】切片器,右键单击,❷在弹出的菜单中选择【置于底层】命令。

02 在【切片器】选项卡中修改【列】的值为"8",让选项按钮从 1 列 8 行变为 8 列 1 行。

03 拖动切片器的顶点,将切片器调整到刚好包裹住两个图表,并在右侧预留空间给【地区】切片器。

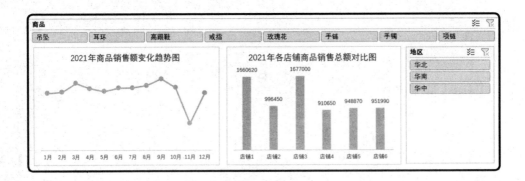

⇨ 设置切片器关联控制多个图表

因为是选中商品销售额变化趋势图创建的切片器，所以修改切片器的选项按钮，只会影响销售额变化趋势图，如下图所示。这里我们需要让两个切片器能控制各店铺商品销售总额对比图，具体操作如下。

01 选中【商品】切片器，❶在【切片器】选项卡中单击【报表连接】图标，在【数据透视表连接（商品）】对话框中，❷勾选所有数据透视表，❸单击【确定】按钮，即可将【商品】切片器与各店铺商品销售总额对比图连接起来。

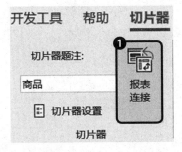

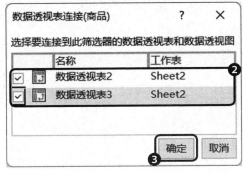

02 选中【地区】切片器,重复上述操作,将【地区】切片器与各店铺商品销售总额对比图连接,这样切片器就可以同时控制两个图表了。下图显示的就是高跟鞋在华南地区的每月销售额变化趋势和店铺销售总额对比。

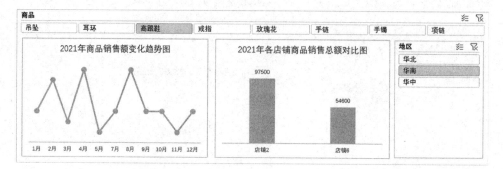

下图显示的是玫瑰花在华北地区的销售额变化趋势和店铺销售总额对比。

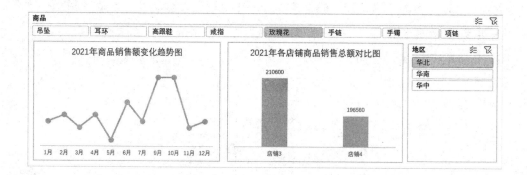

第 9 章
Excel 函数与公式的应用

在日常工作中，使用 Excel 制作表格并整理数据时，常常要用函数与公式来自动统计并处理表格中的数据。掌握函数与公式的使用方法和技巧，不仅能提高工作效率，还能提高对数据的处理与分析能力。本章将通过制作员工综合能力考评成绩表及制作员工奖金明细表两个案例，演示函数与公式的应用。

扫码并发送关键词"秋叶三合一"，观看配套视频课程。

9.1 制作员工综合能力考评成绩表

案例说明

综合能力考评是公司考查员工在岗位上的各方面能力的考核，是员工的晋升、转岗、解聘、奖励、惩罚及培训等一些人力资源管理活动的基础和参考依据。员工综合能力考评成绩表制作完成后的效果如下图所示。

工号	姓名	销售业绩	表达能力	写作能力	团队写作能力	专业知识熟悉程度	总分	平均分	排名成绩	是否合格
YG00007	东方问筠	76	58	76	83	94	387	77.4	1	合格
YG00005	吕秋	86	89	78	72	50	375	75	2	合格
YG00001	杨聪	78	99	52	70	72	371	74.2	3	合格
YG00004	朱迎曼	70	87	88	69	53	367	73.4	4	合格
YG00009	郎幻波	97	89	65	56	59	366	73.2	5	合格
YG00002	何静	72	82	59	85	66	364	72.8	6	合格
YG00013	陈谷山	55	50	88	83	86	362	72.4	7	合格
YG00006	水香薇	85	75	69	66	61	356	71.2	8	合格
YG00008	钱纨	84	50	51	75	92	352	70.4	9	合格
YG00011	韩春喜	55	93	70	63	69	350	70	10	合格
YG00012	秦谷波	64	83	51	73	55	326	65.2	11	合格
YG00003	吴成龙	50	52	81	54	87	324	64.8	12	不合格
YG00014	施凤美	56	86	53	65	64	324	64.8	12	不合格
YG00010	金盼夏	55	52	52	67	63	289	57.8	14	不合格

思路整理

员工综合能力考评成绩表中包含了员工的各项考评成绩，我们需要据此计算出员工考评成绩的总分、平均分；然后根据总分来计算成绩排名和判断员工考评是否合格，并且将不合格的员工及每位员工低于60分的成绩标记出来，制作思路和涉及的主要知识点如下图所示。

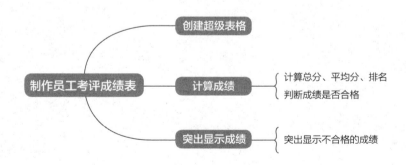

9.1.1 创建超级表格

如果员工综合能力考评成绩表只是普通的表格，那么每计算一个项目都需要进行输入公式或者插入函数的操作，非常烦琐。如果将表格创建为超级表格，那么每一列计算项只需要进行一次操作就可以完成一整列数据的计算，十分方便。创建超级表格的具体操作如下。

❶选中员工综合能力考评成绩表中的任意一个单元格，❷按快捷键【Ctrl+T】，❸在【创建表】对话框中单击【确定】按钮，完成超级表格的创建，效果如下图所示。

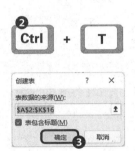

9.1.2 计算员工考评成绩

员工综合能力考评成绩表中只记录了员工的各项成绩，根据考评需求，我们需要计算员工的成绩总分、平均分；然后根据总分进行排名和判定考评是否合格。这些都需要用到函数和公式，具体操作如下。

1. 用 SUM 函数计算员工的成绩总分

计算员工的成绩总分有两种方法：一种是手动在单元格内填写计算公式，另一种是在单元格中插入函数。这里分别演示一下。

单击 H3 单元格，输入等号"="，单击 C3 单元格，此时编辑栏中会出现"=[@销售业绩]"的内容；然后输入加号"+"，单击 D3 单元格。重复上述操作直至将第一位员工的所有单项成绩添加到编辑栏中，按【Enter】键即可完成所有员工成绩总分的计算，完成后的效果如下页图所示。

	A	B	C	D	E	F	G	H	I
1									
2	工号	姓名	销售业绩	表达能力	写作能力	团队写作能力	专业知识熟悉程度	总分	平均分
3	YG00001	杨聪	78	99	52	70	72	371	
4	YG00002	何静	72	82	59	85	66	364	
5	YG00003	吴成龙	50	52	81	54	87	324	
6	YG00004	朱迎曼	70	87	88	69	53	367	
7	YG00005	吕秋	86	89	78	72	50	375	
8	YG00006	水香薇	85	75	69	66	61	356	
9	YG00007	东方问筠	76	58	76	83	94	387	
10	YG00008	钱纨	84	50	51	75	92	352	
11	YG00009	郎幻波	97	89	65	56	59	366	
12	YG00010	金盼夏	55	52	52	67	63	289	
13	YG00011	韩春喜	55	93	70	63	69	350	
14	YG00012	秦谷波	64	83	51	73	55	326	
15	YG00013	陈谷山	55	50	88	83	86	362	
16	YG00014	施凤美	56	86	53	65	64	324	

以上是手工输入计算公式得到成绩总分的步骤，其实 Excel 有专门的求和函数用来快速完成连续区域的求和计算，具体操作如下。

❶单击 H3 单元格，❷在【公式】选项卡中单击【自动求和】图标的下半部分，❸在弹出的菜单中选择【求和】命令；❹此时在 Excel 的编辑栏中就会出现"=SUM(表 1[@ [销售业绩]:[专业知识熟悉程度]])"的函数内容，❺按【Enter】键即可完成总分的计算。

第 9 章
Excel 函数与公式的应用

工号	姓名	销售业绩	表达能力	写作能力	团队写作能力	专业知识熟悉程度	总分	平均分
YG00001	杨聪	78	99	52	70	72	371	
YG00002	何静	72	82	59	85	66	364	
YG00003	吴成龙	50	52	81	54	87	324	
YG00004	朱迎曼	70	87	88	69	53	367	
YG00005	吕秋	86	89	78	72	50	375	
YG00006	水香薇	85	75	69	66	61	356	
YG00007	东方问筠	76	58	76	83	94	387	
YG00008	钱纨	84	50	51	75	92	352	
YG00009	郎幻波	97	89	65	56	59	366	
YG00010	金盼夏	55	52	52	67	63	289	
YG00011	韩春喜	55	93	70	63	69	350	
YG00012	秦谷波	64	83	51	73	55	326	
YG00013	陈谷山	55	50	88	83	86	362	
YG00014	施凤美	56	86	53	65	64	324	

这里解释一下 SUM 函数，SUM 函数的基本语法是 SUM(number1,number2,…)，函数括号中每一个 number 可以表示一个单元格，也可以表示一个连续的区域。例如 SUM(A1,A3,A5) 就是计算 A1、A3、A5 单元格数据的总和；如果用连续区域表示，就可以写作 SUM(A1:A3)，表示计算 A1 到 A3 这个连续区域中单元格数据的总和。

2. 用 AVERAGE 函数计算员工的平均分

上面我们学会了通过选择功能区中的命令来插入函数，如果对函数比较熟悉，则可以直接在编辑栏中输入函数来完成计算。这里以计算员工考评平均分为例进行演示，具体操作如下。

01 ❶单击 I3 单元格，直接输入等号"="，然后输入平均分计算函数的前 4 个字母"aver"；此时 Excel 会自动弹出相关的函数，❷在菜单中选择【AVERAGE】函数，❸按【Tab】键，❹此时软件会自动补齐函数名称并添加函数左括号。

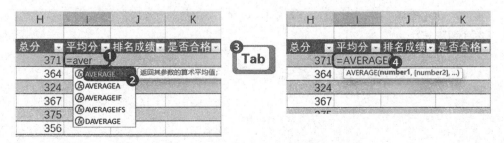

02 ❶用鼠标选取 C3 到 G3 单元格，此时编辑栏中会显示"=AVERAGE(表 1[@[销售业绩]:[专业知识熟悉程度]])"；❷按【Enter】键，即可完成所有员工考评平均分的计算，完成后的效果如下图所示。

3. 用 RANK 函数计算员工的成绩排名

计算出总分和平均分之后，如果想看员工成绩的排名，这个时候就可以借助 RANK 函数按照总分对成绩进行排名。

RANK 函数的语法为 RANK(number,ref,[order])。number 表示需要进行排名的数据 A，ref 表示数据 A 在哪些数据中进行排名，order 用来确定按照数据大小进行升序排列还是降序排列。如果忽略这个参数，则表示将数据按照降序进行排序；如果此参数写为非 0 的数字，则表示将数据按照升序进行排序。计算排名的具体操作如下。

01 ❶单击 J3 单元格，输入"=rank("，❷单击 H3 单元格，输入英文逗号","；❸拖曳鼠标选中 H3 到 H16 单元格区域，此时编辑栏中将显示 "=rank([@ 总分],[总分]"，❹按【Enter】键即可完成排名的计算，效果如下页图所示。

02 ❶单击"排名成绩"右侧的筛选按钮，❷在弹出的菜单中选择【升序】命令，完成排名顺序的调整。

03 排序完成后的效果如下图所示。

4. 用 IF 函数判断员工考评是否合格

如果公司按照总分是否达到 325 分为标准来判断员工考评是否合格，那么我们就需要利用逻辑函数 IF 进行判断。

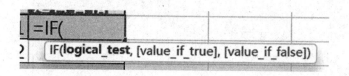

IF 函数的基本语法是 IF(logical_test,[value_if_true],[value_if_false])。其中，logical_test 参数表示任何可能被计算为真或假的数值或者表达式，例如"A3>3"就是判断 A3 单元格的数值是否大于 3；[value_if_true] 参数是 logical_test 为真时返回的值，该参数可以忽略，也可以是一个值或者表达式，如果忽略则会返回"TRUE"；[value_if_false] 参数是 logical_test 为假时返回的值，该参数可以忽略，也可以是一个值或者表达式，如果忽略则会返回"FALSE"。不过很多人可能还不清楚对应参数的含义，这个时候可以借助"插入函数"功能辅助我们完成计算，具体操作如下。

01 单击 K3 单元格，❶输入"=if("，❷单击编辑栏左侧的"fx"插入函数按钮，打开【函数参数】对话框。

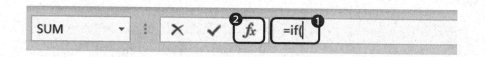

02 ❶在【函数参数】对话框中的 3 个参数输入框中分别输入"[@总分]>=325" "合格" "不合格"，❷单击【确定】按钮，完成所有员工考评是否合格的判断，效果如下页图所示。

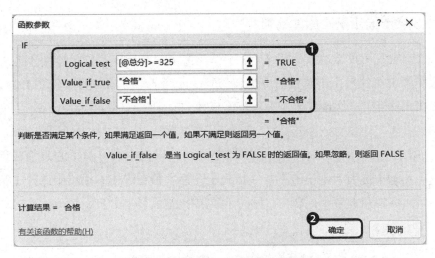

如果想让 IF 函数返回汉字，则必须在汉字前后添加半角的双引号，例如""合格""。

> **小贴士**
>
> 在【函数参数】对话框中可以直接输入汉字，软件会自动在汉字前后添加半角的双引号；但如果在单元格中或者编辑栏中输入汉字，则需要手动添加半角的双引号。

9.1.3 突出显示员工的成绩情况

公司规定考评成绩要达到 65 分才算及格,如果想要找到员工综合能力考评成绩表中每位员工不及格的成绩,与其一个个去找,不如直接使用 Excel 的条件格式功能,一次性完成所有不及格成绩的标记,具体操作如下。

01 ❶选中 C3 到 G16 范围内的所有单元格,以选中所有员工的单项成绩,❷在【开始】选项卡中单击【条件格式】图标,❸在弹出的菜单中选择【突出显示单元格规则】命令,❹在右侧的子菜单中选择【小于】命令。

02 ❶在弹出的【小于】对话框中修改数值为"65",❷根据需要修改右侧设置的格式,这里保持【浅红色填充色深红色文本】不变,❸单击【确定】按钮,即可将低于65分的成绩标注出来,效果如下图所示。

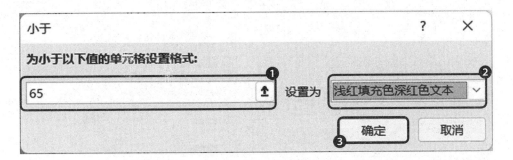

9.1.4 将员工考评总分呈现为条形图

使用条件格式不仅可以突出显示符合条件的单元格,还可以不借助图表直接在单元格中可视化呈现数据。这里直接将员工考评总分呈现为条形图。

❶选中员工的总分数据区域,❷单击【条件格式】图标,❸在弹出的菜单中选择【数据条】命令,❹在右侧的子菜单中选择【绿色数据条】命令,效果如下页图所示。

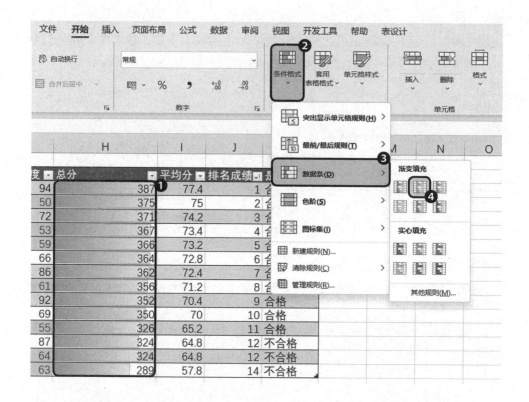

9.2 制作员工奖金明细表

📖 案例说明

很多公司设置的月度奖、季度奖和年终奖都是业绩奖金的典型形式，都是根据员工绩效评价结果按照一定比例发放给员工的绩效薪酬。员工奖金明细表中包含了绩效奖金、工龄补贴、岗位津贴等，一般制作完成后还需要打印发放到员工手里。

员工奖金明细表制作完成后的效果如下页图所示。

第 9 章
Excel 函数与公式的应用

奖金条							
工号	姓名	部门	职务	工龄补贴	绩效奖金	岗位津贴	奖金总额
YG00001	朱迎曼	总经办	秘书	1200	2000	1000	4200

奖金条							
工号	姓名	部门	职务	工龄补贴	绩效奖金	岗位津贴	奖金总额
YG00002	何静	运营部	组员	1500	2000	1000	4500

奖金条							
工号	姓名	部门	职务	工龄补贴	绩效奖金	岗位津贴	奖金总额
YG00003	吴成龙	技术部	部长	0	2000	1500	3500

思路整理

员工奖金明细表中包含了工龄补贴、绩效奖金及岗位津贴。我们需要先根据入职时间计算员工工龄，然后按照规则判断员工的工龄补贴是多少；再根据员工各自的绩效考核成绩计算绩效奖金；而岗位津贴是固定的，只需要根据职务进行引用即可；最后计算出员工各自的奖金。制作思路及涉及的主要知识点如下图所示。

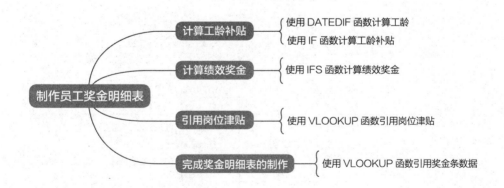

9.2.1 计算员工工龄补贴

公司里面入职年限不同的员工有不同的工龄补贴，而每个公司计算工龄补贴的方式也不同，例如本案例中就规定：工龄小于 3 年的，工龄补贴为工龄 ×50 元；工龄为 3 年或 4 年的，工龄补贴为工龄 ×100 元；工龄的 5 年及以上的，工龄补贴为工龄 ×150 元。这里我们可以根据入职时间来计算工龄，进而计算出工龄补贴，具体操作如下。

1. 使用 DATEDIF 函数计算工龄

DATEDIF 函数是一个隐藏函数，无法直接通过插入函数得到，但是可以直接在单元格中输入。

DATEDIF 函数的语法是 DATEDIF(start_date,end_date,unit)。其中，start_date 和 end_date 代表起始日期和结束日期，而 unit 参数则代表的是以何种单位返回两个日期之间的差值。例如 unit 参数为""Y""时，返回的就是两个日期相差的年份；为""M""时，返回的则是两个日期相差的月份。这里我们使用 DATEDIF 函数来快速计算员工的工龄，具体操作如下。

❶单击 F2 单元格，❷输入公式"=DATEDIF("，单击入职时间所在的单元格 E2，然后输入英文逗号"，"，输入函数"TODAY()"，再次输入英文逗号"，"，输入""Y""，❸按【Enter】键，完成工龄的计算，结果如下图所示。

工号	姓名	部门	职务	入职时间	工龄	绩效评分
YG00007	东方问筠	总经办	总经理	2012年10月31日	9	85
YG00005	吕秋	总经办	助理	2013年11月27日	8	68
YG00001	朱迎曼	总经办	秘书	2013年10月18日	8	84
YG00004	杨聪	总经办	主任	2017年2月3日	5	75
YG00009	郎幻波	运营部	部长	2012年	9	85
YG00002	何静	运营部	组员	2012	10	95
YG00013	陈谷山	运营部	组员	2017年6月16日	4	84
YG00006	水香薇	运营部	组员	2019年8月9日	2	75
YG00008	钱纨	运营部	组员	2020年10月24日	1	85
YG00011	韩春喜	运营部	组员	2021年2月7日	1	86

2. 根据工龄计算工龄补贴

完成了工龄的计算之后，就可以根据规则使用 IF 函数的嵌套进行工龄补贴的计算，具体操作如下。

01 单击 H2 单元格，❶在【公式】选项卡中单击【插入函数】图标，❷在对话框中选择【IF】函数，❸单击【确定】按钮进入【函数参数】对话框。

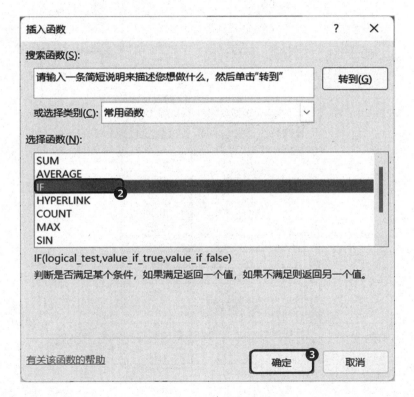

02 ❶按下图所示分别设置 3 个参数。设置类似 [@ 工龄] 这样的参数时可以这样操作：以设置第 1 个参数为例，将光标定位在第 1 个参数的输入框中，单击 F2 单元格，然后输入"<3"；完成前两个参数的输入后，在第 3 个参数输入框中输入"if([@ 工龄]<5,[@ 工龄] * 100,[@ 工龄] * 150)"。❷单击【确定】按钮，即可完成所有工龄补贴的计算，完成后的效果如下页图所示。

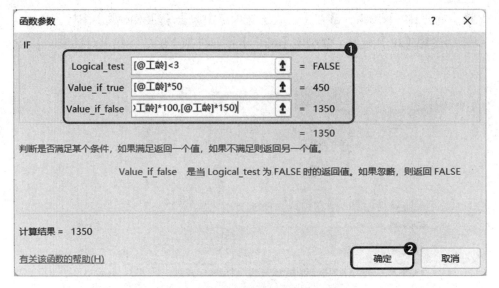

9.2.2 计算员工绩效奖金

除了工龄补贴之外，很多公司还会根据员工的业绩完成情况发放绩效奖金。例如本案例中，如果绩效评分在60分以下，就没有绩效奖金；如果为60~80（含60分）分，就发放分数×20元的绩效奖金；如果大于等于80分，就直接发放2000元的绩效奖金。

想要实现这样的效果，除了可以用前面的 IF 函数嵌套之外，我们还可以直接使用 IFS 函数。

IFS 函数的基本语法是 IFS(条件 1, 返回值 1, 条件 2, 返回值 2, 条件 3, 返回值 3…)。使用 IFS 函数可以更方便地填写参数，具体操作如下。

01 选中 I2 单元格，❶在【公式】选项卡中单击【插入函数】图标，❷在对话框中选择类别为【逻辑】，❸在下方的函数列表中选择【IFS】函数，❹单击【确定】进入【函数参数】对话框。

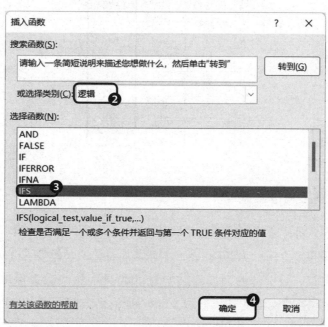

02 ❶按照下页图所示设置对应的参数，❷单击【确定】按钮，完成绩效奖金的计算，完成后的效果如下页图所示。

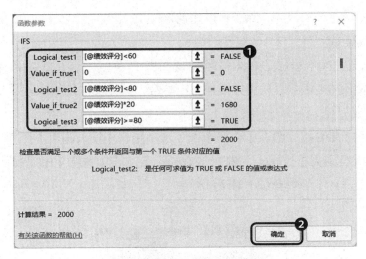

9.2.3 引用员工岗位津贴

员工职务不同，公司根据职务给员工相应的岗位津贴也不同。例如在本案例中，总经理的岗位津贴为 2000 元，主任、部长的岗位津贴是 1500 元，而助理、秘书、组员、设计师的岗位津贴均为 1000 元。这些数据都是固定的，我们只需要根据职务将对应的数据使用 VLOOKUP 函数引用过来就可以了。

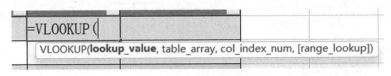

VLOOKUP 函数的语法规则为 VLOOKUP (lookup_value,table_array,col_index_num,[range_lookup])。lookup_value 表示的是查找的依据，可以是数值、某单元格的引用，也可以是字符串；table_array 则表示待引用数据所在的表格区域，对应的表格区域中查找的依据所在的列必须为第一列；col_index_num 表示在查找的表格区域中，待引用数据在第几列；[range_lookup] 是确定是精准匹配还是近似匹配的参数。如果只是想从表格区域中近似匹配返回某一个数据，则可以忽略该参数或者填写非 0 的数字；如果想精准匹配，返回精确值，则填写 0。具体操作如下。

01 单击 J2 单元格，❶在【公式】选项卡中单击【插入函数】图标，❷在对话框中选择类别为【查找与引用】，❸在下方的列表中找到并选择【VLOOKUP】函数，❹单击【确定】按钮，进入【函数参数】对话框。

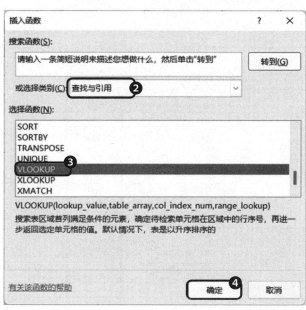

02 ❶将光标定位在第 1 个参数输入框中,单击 D2 单元格,表示查找的依据为职务;将光标定位在第 2 个参数输入框中,选中 O2 到 P9 单元格区域,然后按【F4】键将表格区域锁定为"$O$2:$P$9";因为在查找的表格区域中要引用的岗位津贴位于第 2 列,所以在第 3 个参数输入框中输入"2";我们需要的是根据职务精准返回岗位津贴,因此第 4 个参数输入框中输入"0",❷最后单击【确定】按钮,即可完成岗位津贴的快速引用,效果如下图所示。

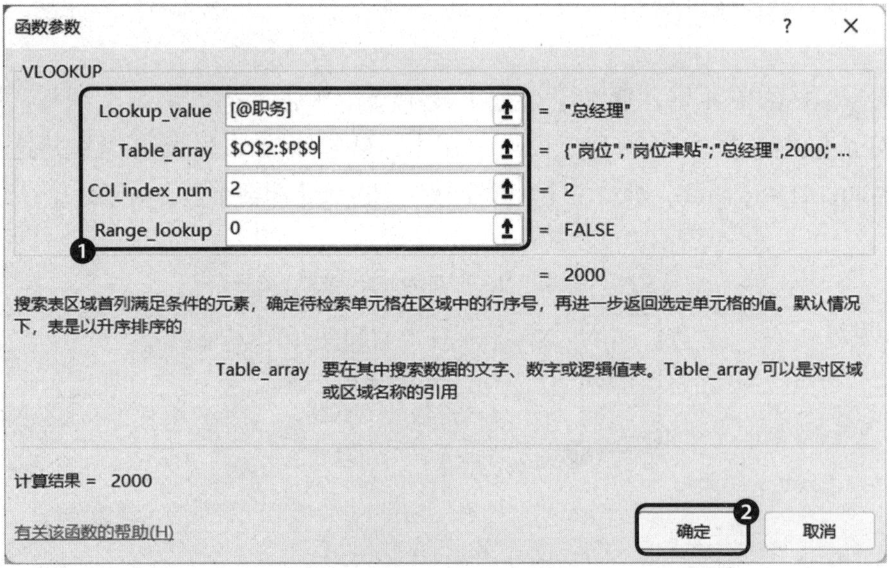

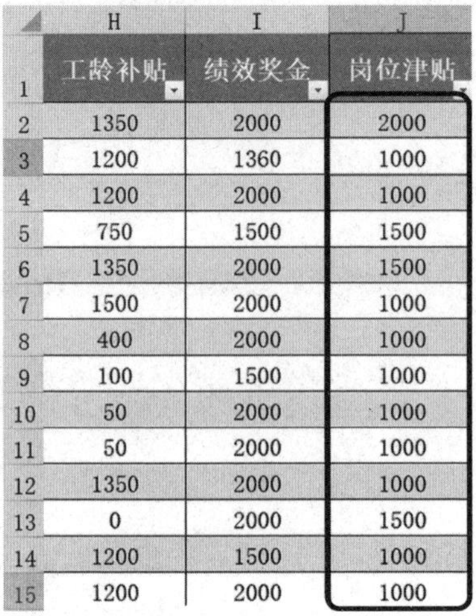

函数参数

VLOOKUP

Lookup_value	[@职务]	= "总经理"
Table_array	$O$2:$P$9	= {"岗位","岗位津贴";"总经理",2000;"...
Col_index_num	2	= 2
Range_lookup	0	= FALSE

= 2000

搜索表区域首列满足条件的元素,确定待检索单元格在区域中的行序号,再进一步返回选定单元格的值。默认情况下,表是以升序排序的

Table_array 要在其中搜索数据的文字、数字或逻辑值表。Table_array 可以是对区域或区域名称的引用

计算结果 = 2000

有关该函数的帮助(H)

确定 取消

	H	I	J
1	工龄补贴	绩效奖金	岗位津贴
2	1350	2000	2000
3	1200	1360	1000
4	1200	2000	1000
5	750	1500	1500
6	1350	2000	1500
7	1500	2000	1000
8	400	2000	1000
9	100	1500	1000
10	50	2000	1000
11	50	2000	1000
12	1350	2000	1000
13	0	2000	1500
14	1200	1500	1000
15	1200	2000	1000

完成工龄补贴、绩效奖金、岗位津贴的计算之后，我们就可以借助 SUM 函数快速完成奖金总额的计算。

❶选中 K2 单元格，❷在编辑栏中直接输入“=SUM(表 2[@[工龄补贴]:[岗位津贴]])”，❸按【Enter】键完成奖金总额的计算，效果如下图所示。

K2 =SUM(表2[@[工龄补贴]:[岗位津贴]]) ❷

	B	C	D	E	F	G	H	I	J	K
1	姓名	部门	职务	入职时间	工龄	绩效评分	工龄补贴	绩效奖金	岗位津贴	奖金总额
2	东方问筠	总经办	总经理	2012年10月31日	9	85	1350	2000	2000	5350 ❶
3	吕秋	总经办	助理	2013年11月27日	8	68	1200	1360	1000	3560
4	朱迎曼	总经办	秘书	2013年10月18日	8	84	1200	2000	1000	4200
5	杨聪	总经办	主任	2017年2月3日	5	75	750	1500	1500	3750
6	郎幻波	运营部	部长	2012年2月26日	9	85	1350	2000	1500	4850
7	何静	运营部	组员	2012年2月4日	10	95	1500	2000	1000	4500
8	陈谷山	运营部	组员	2017年6月16日	4	84	400	2000	1000	3400
9	水香薇	运营部	组员	2019年8月9日	2	75	100	1500	[illegible]	2600
10	钱纨	运营部	组员	2020年10月24日	1	85	50	2000	[illegible]	3050
11	韩春喜	运营部	组员	2021年2月7日	1	86	50	2000	[illegible]	3050
12	秦谷波	运营部	组员	2012年8月7日	9	85	1350	2000	1000	4350
13	吴成龙	技术部	部长	2021年5月8日	0	84	0	2000	1500	3500
14	施凤美	技术部	设计师	2013年9月27日	8	75	1200	1500	1000	3700
15	金盼夏	技术部	设计师	2013年5月1日	8	85	1200	2000	1000	4200

❸ Enter

9.2.4 完成员工奖金明细条的制作

为了让员工知道自己奖金的明细，公司需要制作对应的奖金明细条并发放给员工。制作奖金明细条同样需要用到 VLOOKUP 函数，具体操作如下。

⇨ 制作“奖金条”的表头

01 将工作表切换到“奖金条”，选中 A1 到 H1 单元格，进行合并单元格的操作，输入“奖金条”3 个字，适当增大字号。依次在 A2 到 H2 单元格中输入对应的表头信息，完成后的效果如下图所示。

	A	B	C	D	E	F	G	H
1	奖金条							
2	工号	姓名	部门	职务	工龄补贴	绩效奖金	岗位津贴	奖金总额
3								

02 选中 A1 到 H3 单元格,❶在【开始】选项卡中单击【边框】图标右侧的下拉按钮,❷在弹出的菜单中选择【所有框线】命令,为表格添加框线,效果如下图所示。

	A	B	C	D	E	F	G	H
1				奖金条				
2	工号	姓名	部门	职务	工龄补贴	绩效奖金	岗位津贴	奖金总额
3								

⇨ 完成第一张奖金条的制作

01 在工号下的第一个单元格中输入第一个工号"YG00001"。

	A	B	C	D	E	F	G	H
1				奖金条				
2	工号	姓名	部门	职务	工龄补贴	绩效奖金	岗位津贴	奖金总额
3	YG00001							

02 选中 B3 单元格,❶在【公式】选项卡单击【插入函数】图标,打开【插入函数】对话框。❷修改【或选择类别】为【查找与引用】,❸在下方

的列表中选择【VLOOKUP】函数，❹单击【确定】按钮，打开【函数参数】对话框。

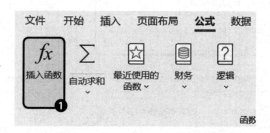

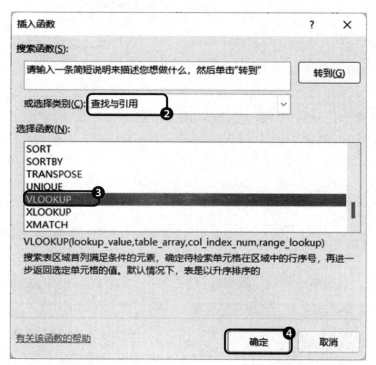

03 ❶在【函数参数】对话框中，按照下页图所示设置参数。对应参数表示的是以 A3 单元格的数据为依据，在工作表"奖金明细表"的 A 列到 K 列寻找对应第二列的数据。注意，这里的"A3"前和"A""K"前加了"$"将列进行了锁定，是为了在下一步拖曳填充函数时保持引用的表格区域不变。❷单击【确定】按钮完成对数据的引用。

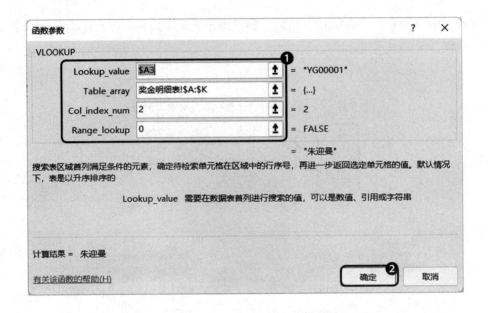

04 选中 B3 单元格，将鼠标指针移动到单元格的右下角，当它变成黑色十字形状的时候按住鼠标左键，往右拖动复制函数直到 H3 单元格，操作效果如下图所示。

	A	B	C	D	E	F	G	H
1	奖金条							
2	工号	姓名	部门	职务	工龄补贴	绩效奖金	岗位津贴	奖金总额
3	YG00001	朱迎曼						
4								

05 复制函数后所有的单元格都会显示相同的结果，因此我们需要对函数的参数进行修改。以"部门"对应的 C3 单元格为例，选中 C3 单元格，因为在查找的表格区域中，部门位于第 3 列，所以要在编辑栏中，❶将函数的第 3 个参数改为"3"，修改后的函数为"=VLOOKUP($A3,奖金明细表!$A:$K,3,0)"，❷得到该员工所在部门的数据。

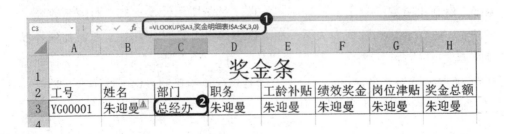

06 根据"奖金明细表"中各类数据在表格中的列数,依次修改 VLOOKUP 函数第 3 个参数的值为"4""8""9""10""11",得到的结果如下图所示。

	A	B	C	D	E	F	G	H
1	奖金条							
2	工号	姓名	部门	职务	工龄补贴	绩效奖金	岗位津贴	奖金总额
3	YG00001	朱迎曼	总经办	秘书	1200	2000	1000	4200

➪ 拖曳复制奖金条

选中 A1 到 H4 单元格区域,将鼠标指针移动到该区域的右下角,当鼠标指针变为黑色十字形状时,按住鼠标左键向下拖曳填充,即可完成所有员工的奖金明细条的制作。

	A	B	C	D	E	F	G	H
1	奖金条							
2	工号	姓名	部门	职务	工龄补贴	绩效奖金	岗位津贴	奖金总额
3	YG00001	朱迎曼	总经办	秘书	1200	2000	1000	4200
4								
5								

完成后的效果如下图所示。至此,我们就完成了员工奖金明细条的制作。

	A	B	C	D	E	F	G	H
1	奖金条							
2	工号	姓名	部门	职务	工龄补贴	绩效奖金	岗位津贴	奖金总额
3	YG00001	朱迎曼	总经办	秘书	1200	2000	1000	4200
4								
5	奖金条							
6	工号	姓名	部门	职务	工龄补贴	绩效奖金	岗位津贴	奖金总额
7	YG00002	何静	运营部	组员	1500	2000	1000	4500
8								
9	奖金条							
10	工号	姓名	部门	职务	工龄补贴	绩效奖金	岗位津贴	奖金总额
11	YG00003	吴成龙	技术部	部长	0	2000	1500	3500

第三篇 PPT 设计与应用

第 10 章　演示文稿的编辑与设计
第 11 章　动画设计与放映设置

第 10 章
演示文稿的编辑与设计

演示文稿作为辅助表达及对外演示的工具，常用于培训、宣传策划、工作汇报、企业宣传、产品介绍等工作。本章将会通过制作年终总结演示文稿及套用模板制作员工培训演示文稿两个案例，为大家介绍如何又好又快地进行演示文稿的编辑与设计。

扫码并发送关键词"秋叶三合一"，观看配套视频课程。

10.1 制作年终总结演示文稿

📖 案例说明 >>

年终总结演示文稿是对一年内的工作进行一次全面、系统的回顾，分析工作的不足，得出值得推广的工作经验，并安排下一年工作的文档。使用幻灯片可以将文档可视化呈现给公司领导。

年终总结演示文稿制作完成后的效果如下图所示。

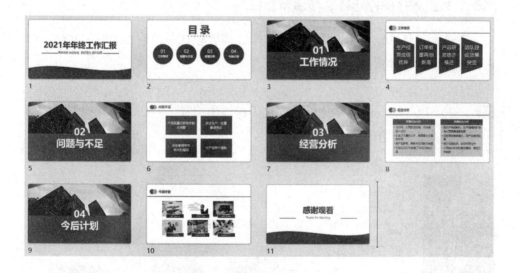

🚩 思路整理 >>

一份完整的演示文稿包含了封面页、目录页、章节页、内容页与结束页。可以在幻灯片母版视图下设计对应页面的基础版式，制作幻灯片时就可以快速套用版式，只需填充内容即可。设计版式的过程中会涉及占位符、形状、图片及文本框的插入，制作页面的过程中则会涉及版式的选择、文字和 SmartArt 图形的转换等。制作思路及涉及的主要知识点如下页图所示。

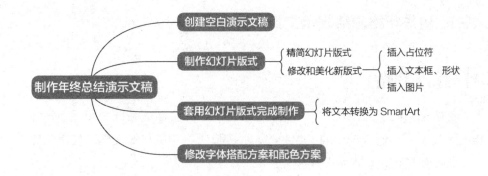

10.1.1 创建并保存年终总结演示文稿

在进行年终总结演示文稿的制作之前,需要创建一份空白的演示文稿,并保存在对应的文件夹中,具体操作如下。

01 打开 PowerPoint 软件之后,在软件窗口中选择【空白演示文稿】选项,即可快速完成空白演示文稿的创建。

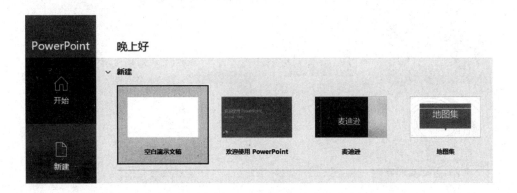

02 ❶按【F12】键打开【另存为】对话框,在对话框中打开对应的文件夹,❷在【文件名】文本框中输入"年终总结";❸在【保存类型】中选择【PowerPoint 演示文稿(*.pptx)】;❹单击【保存】按钮,完成年终总结演示文稿的保存。

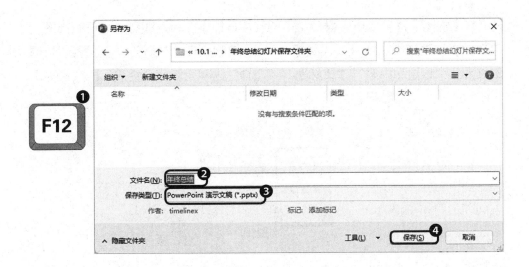

> **小贴士**　演示文稿指的是以 ppt 或者 pptx 为扩展名的文件,而幻灯片则是指演示文稿中的某一张,一份演示文稿由 N 张幻灯片组成。PPT 则是日常生活中人们对演示文稿及幻灯片的习惯叫法,其可以是一张、多张幻灯片,也可以是整个演示文稿文件,甚至是 PowerPoint 软件。

制作幻灯片的时候,很多读者喜欢把页面中的所有元素清空,从零开始制作;但接下来,本书将教大家如何借助这些内置的元素快速制作幻灯片。

10.1.2 插入形状线条,制作封面页版式

空白演示文稿中的初始页面就是套用了标题幻灯片版式的封面页,但是默认的封面页过于空旷,我们可以使用形状和线条在幻灯片母版中对版式进行修饰。

⇨ 精简幻灯片母版版式

版式可以帮助我们快速得到不同的幻灯片排版效果。新建的空白演示文稿中内置了很多版式,但过多的版式会导致用户在使用的过程中很难选择,所以要先对空白演示文稿中内置的版式进行精简,具体操作如下。

在【视图】选项卡中，❶单击【幻灯片母版】图标，即可进入母版视图。❷在左侧导航栏中选中版式，按【Delete】键删除多余的版式，仅保留"标题幻灯片""标题和内容""节标题""空白"这 4 个版式，完成后的效果如下图所示。

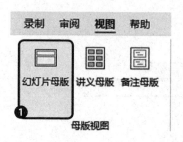

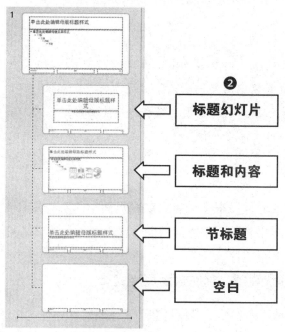

➪ 插入波形以修饰标题幻灯片版式

❶在左侧导航栏中选择"标题幻灯片"版式，切换到【插入】选项卡，❷单击【形状】图标，❸在弹出的菜单中选择【星与旗帜】组中的【波形】图标，当鼠标指针变为十字形状后，❹在幻灯片左边缘按住鼠标左键向右拖曳至幻灯片右边缘，让波形的宽度刚好与页面的宽度相等，移动波形遮住幻灯片下边缘，完成后的效果如下页图所示。

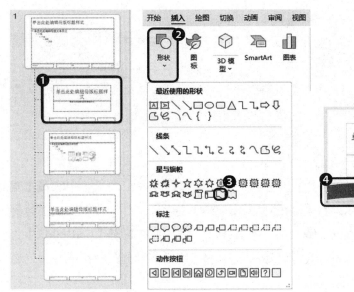
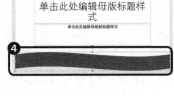

⇨ 修改标题和副标题占位符的格式与位置

01 选中标题占位符中的文字，将其更改为"点击此处输入标题"，❶在【开始】选项卡中修改字号为"72"，❷将颜色设置为"蓝色，个性色1"，❸将文字设置为加粗效果。选中副标题占位符中的文字，将其更改为"点击此处输入副标题"，❹修改字号为"24"，❺将颜色设置为"蓝色，个性色1"。❻拖动标题占位符的上边缘将高度调整到文字的高度，拖动副标题占位符的下边缘将高度调整到文字的高度，完成标题占位符和副标题占位符的位置调整。

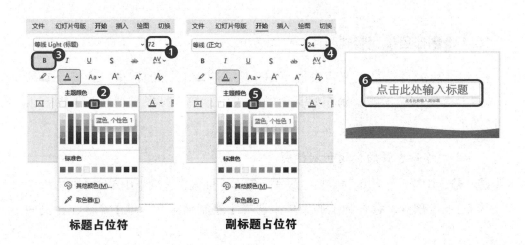

> **小贴士**
>
> 占位符是在幻灯片母版视图中添加的一种固定格式的元素区域，占位符分为标题占位符、文本占位符、图片占位符、内容占位符等，通过不同占位符的组合可以得到不同的版式，以方便我们在后期制作相同排版效果的幻灯片时直接调用和修改。

02 ❶在【插入】选项卡中单击【形状】图标，❷在弹出的菜单中选择【直线】图标；❸按住【Shift】键，在副标题占位符左边缘中部的位置，按住鼠标左键向右拖曳到合适位置，❹绘制一条直线段，❺按住快捷键【Ctrl+Shift】，并水平拖曳直线段即可将其复制，❻将复制的直线段移动到占位符中文字的右侧，完成后的效果如下图所示。

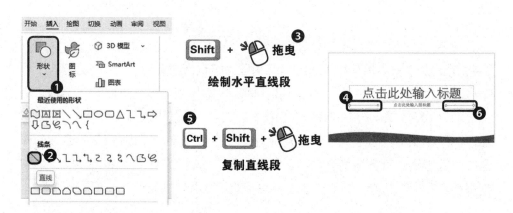

10.1.3 制作目录页版式

幻灯片的目录页主要用来展示演示文稿整体内容的框架，让观众对演讲内容有基本的了解。制作好基础的版式后，使用时只需填写文字内容就可以了。

▷ 制作目录页的标题和副标题

01 ❶选中导航栏中的"空白"版式，❷在【插入】选项卡中单击【文本框】图标的下半部分，❸在弹出的菜单中选择【绘制横排文本框】命令；在页面中单击插入一个文本框，输入文字"目录"，❹修改字体为"等线 Light（标题）"，❺字号为"88"，❻颜色为"蓝色，个性色1"，❼设置加粗效果，❽设置对齐方式为【两端对齐】。

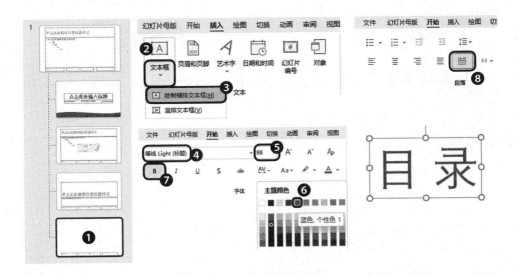

02 选中文本框，按住快捷键【Ctrl+Shift】，向下拖曳以复制文本框，❶将文本框中的内容修改为"CONTENTS"，❷修改字体为"等线（正文）"，❸字号为"18"。❹选中两个文本框，按快捷键【Ctrl+G】将它们组合在一起。

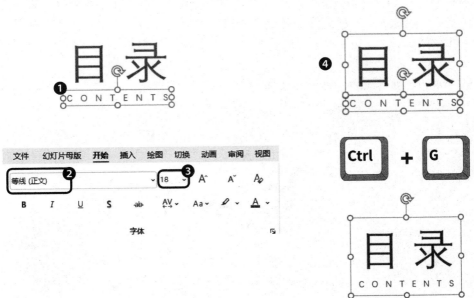

03 ❶在【形状格式】选项卡中单击【对齐】图标，❷在弹出的菜单中选择【水平居中】命令，将文本框对齐到幻灯片页面的中部，❸按住【Shift】键向上移动文本框到靠近上边缘的位置，完成后的效果如下图所示。

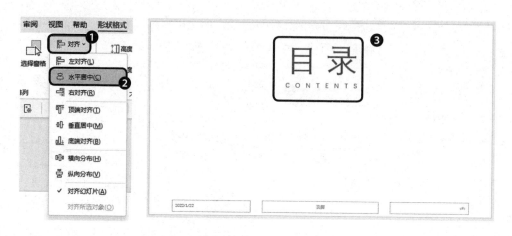

⇨ 制作目录页内容

01 在【插入】选项卡中，❶单击【形状】图标，❷在弹出的菜单中选择【椭圆】图标，在页面上单击以插入一个椭圆形；❸在【形状格式】选项卡中修改尺寸为"6.56厘米"，将椭圆形变为圆形；在圆形中插入文本框，输入"01"，❹修改字体为"等线 Light（标题）"，❺字号设置为"40"，❻颜色设置为"白色，背景1"，❼设置加粗效果，❽将对齐方式设置为【居中】，效果如下图所示。

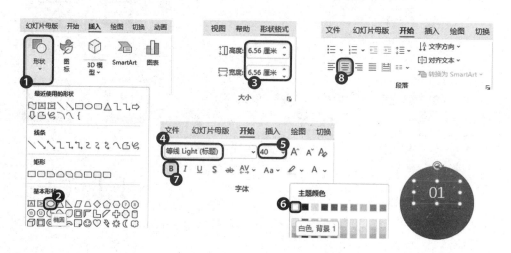

02 在【幻灯片母版】选项卡中，❶单击【插入占位符】图标的下半部分，❷在弹出的菜单中选择【文本】命令，❸在圆形内拖曳生成一个文本占位符，修改文本为"输入目录标题"，❹修改字体为"等线 Light（标题）"，字号为"24"，❺设置文字颜色为"白色，背景1"，❻设置加粗效果，❼取消项目符号，❽设置对齐方式为【居中】。

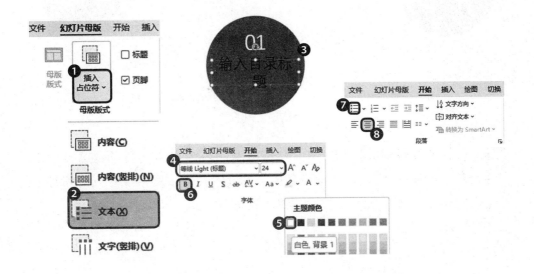

> **小贴士**
>
> 　　上面的两个步骤涉及在幻灯片版式中插入文本框和文本占位符，两者的区别在于，在版式中插入的文本框，在返回普通视图后无法进行编辑，而在版式中插入的文本占位符，在返回普通视图后可以进行编辑。

03 ❶将圆形、序号和文本占位符选中，❷在【形状格式】选项卡中单击【对齐】图标，❸在弹出的菜单中选择【水平居中】命令，实现居中对齐，❹完成后的效果如下页图所示。

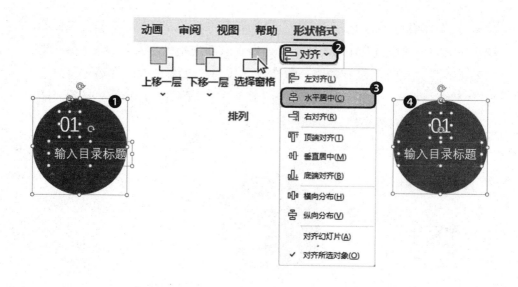

04 按住【Ctrl+Shift】组合键，向右拖曳适当距离，复制得到第二个目录内容。用相同的方法，快速得到4个目录内容，然后修改对应的序号为"02""03""04"，完成后的效果如下图所示。

10.1.4 制作章节页版式

章节页在幻灯片中的作用是承上启下，用在前一部分结束之后，后一部分开始之前。使用章节页的目的是告诉观众接下来要讲解的内容是什么，其一般由章节编号和章节标题组成。

⇨ 合并形状，制作章节页文本背景

01 ❶在左侧导航栏中选择"节标题"版式，❷在【插入】选项卡中单击【形状】图标，在弹出的菜单中选择【椭圆】和【矩形】图标，在幻灯片中插入一个直径为 5.5 厘米的圆形和一个与页面等宽的矩形，让它们有一部分重叠。同时选中两个形状，❸在【形状格式】选项卡中单击【对齐】图标，❹在弹出的菜单中选择【水平居中】命令，让它们居中对齐。

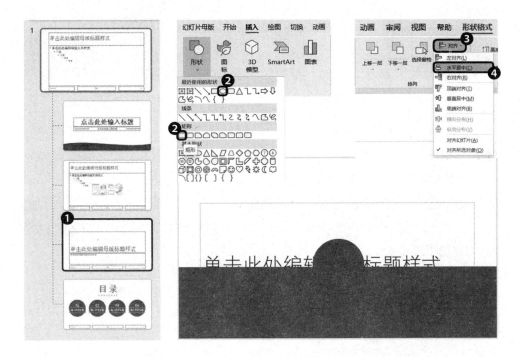

02　❶选中两个形状，在【形状格式】选项卡中，❷单击【合并形状】图标，❸在弹出的菜单中选择【结合】命令，让形状结合在一起。

03　❶右键单击形状，❷在弹出的菜单中选择【置于底层】命令，将其放在幻灯片所有元素的下层，完成后的效果如下图所示。

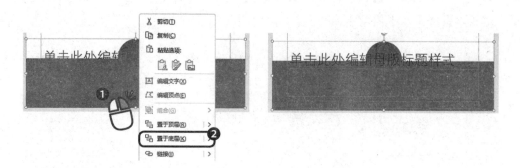

04　选中标题占位符，修改文字为"00"；选中副标题占位符，修改文字为"在此处输入标题"。然后统一设置它们的字体为"等线 Light（标题）"，字号为"88"，设置加粗效果，修改颜色为"白色，背景1"，设置对齐方式为【居中】，调整占位符的高度和位置，并将它们放在形状的合适位置，完成后的效果如下图所示。

➡ 为章节页设置图片背景

01　❶右键单击页面的空白位置，❷在弹出的菜单中选择【设置背景格式】命令，❸在右侧弹出的窗格中选择【图片或纹理填充】选项；❹单击【插入】按钮，❺在对话框中选择【来自文件】选项。

02 ❶找到并选择素材文件夹中的"章节页背景图片"图片,❷单击【插入】按钮,即可将图片设置为章节页的背景,完成后的效果如下图所示。

10.1.5 设计内容页版式

幻灯片的内容页是整份演示文稿中最为重要的存在,是呈现幻灯片核心内容的页面。内容页主要由幻灯片标题和幻灯片内容组成,其版式较为多变,我们只需制作出基础的版式即可。

01 ❶在导航栏中选择"标题和内容"版式后,选中标题占位符中的文字,修改内容为"在此处输入标题",❷修改字号大小为"28",❸设置加粗效果,❹设置文字填充颜色为"蓝色,个性色1"。❺调整标题占位符的高度,让标题占位符中刚好可以放置一整行内容;调整标题占位符的宽度,在右侧留出一定空白,完成后的效果如下页图所示。

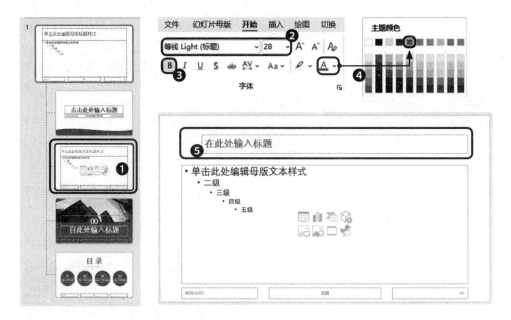

02 ❶在标题占位符左侧插入两个直径为 1.5 厘米的圆形,让两者有所重叠,分别设置填充颜色为"蓝色,个性色 1"和"蓝色,个性色 1,淡色 60%"。❷在标题占位符下插入一条和页面等宽的直线段,设置直线段的轮廓粗细为"2.25 磅",线条颜色为"蓝色,个性色 1"。

完成以上操作后幻灯片的整体版式就制作完成了。

10.1.6 套用版式快速制作幻灯片

完成了幻灯片版式的制作之后,我们就可以套用版式快速完成各类幻灯片的制作了。

1. 制作封面页和目录页

01 在【幻灯片母版】选项卡中单击【关闭母版视图】图标,即可返回普通视图。

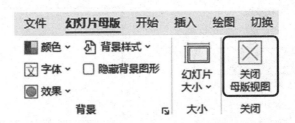

02 在左侧导航栏中选择第一张幻灯片,按照占位符提示输入幻灯片的标题和副标题,完成后的效果如下图所示。

03 ❶在左侧导航栏的标题幻灯片缩略图的下方右键单击，❷在弹出的菜单中选择【新建幻灯片】命令，即可创建一张新幻灯片，如下图所示。

04 ❶右键单击新建的幻灯片的缩略图，❷在弹出的菜单中选择【版式】命令，❸在右侧的子菜单中选择【空白】版式，即可快速套用目录版式；❹在幻灯片页面中输入对应的目录标题，完成后的效果如下图所示。

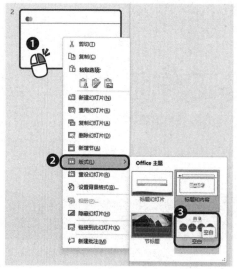 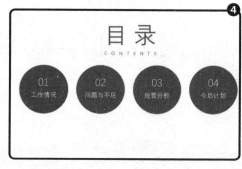

2. 制作章节页和结束页

01 按照以上方法新建幻灯片，并修改版式为"节标题"，然后修改章节编号和章标题得到 4 个章节的章节页幻灯片，完成后的效果如下图所示。

02 新建幻灯片后，修改版式为"标题幻灯片"（封面页和结束页幻灯片的版式一般是相同的），在页面中修改标题占位符和副标题占位符中的内容，完成后的效果如下图所示。

3. 制作文本型的内容页

这里以"经营分析"模块为例，进行文本型内容页幻灯片的制作。

01 ❶新建幻灯片，修改版式为"标题与内容"，输入标题和正文内容，并按住【Ctrl】键选中"发展优势分析"和"发展劣势分析"下的内容，❷按【Tab】键增加内容的缩进量，让内容分级，效果如下图所示。

02 在【开始】选项卡中，❶单击【转换为 SmartArt】图标，❷在弹出的菜单中选择【水平项目符号列表】命令，即可将纯文本转换为 SmartArt 逻辑图示，快速完成文本型内容页幻灯片的制作，效果如下图所示。

年终总结演示文稿中"工作情况"和"问题与不足"章节的内容页幻灯片均可采用以上方法进行制作，因为它们的正文内容均为同一级别，所以在选择 SmartArt 类型的时候，选择【列表】类型即可，完成后的效果如下图所示。

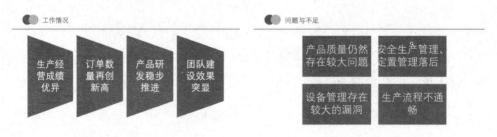

4. 制作图文型的内容页

01 在"今后计划"章节幻灯片后新建幻灯片，并切换版式为"标题与内容"，在标题占位符和内容占位符中输入对应的文本内容。❶单击【转换为

SmartArt】图标，❷在弹出的菜单中选择【其他 SmartArt 图形】命令；❸在对话框左侧切换到【图片】类别，❹在右侧选择【蛇形图片题注】选项，❺单击【确定】按钮，即可完成文本到 SmartArt 图形的转换。

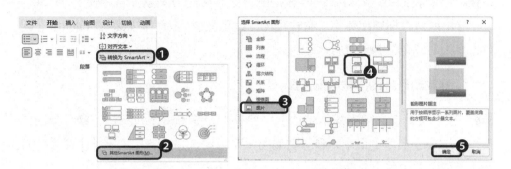

02 单击 SmartArt 图形中的图片图标，在对话框中选择【来自文件】选项；在【插入图片】对话框中找到"今后计划"文件夹中对应的图片，单击【插入】按钮，即可将图片插入 SmartArt 图形，最终完成后的效果如下图所示。

10.1.7 修改幻灯片的字体搭配方案和配色方案

因为在之前的操作中我们严格使用了主题字体和主题颜色进行幻灯片的制作,所以我们更改幻灯片的字体搭配方案和配色方案就非常方便。

这里以修改标题字体为"微软雅黑"、正文字体为"微软雅黑 Light"、配色方案为"绿色"为例进行演示。

1. 修改幻灯片的字体搭配方案

01 在【设计】选项卡的【变体】功能组中,❶单击下拉按钮,❷在弹出的菜单中选择【字体】命令,❸在右侧的子菜单中选择【自定义字体】命令,打开【新建主题字体】对话框。

02 ❶将中文、西文两个模块的标题字体、正文字体分别改为"微软雅黑"和"微软雅黑 Light",❷在【名称】文本框中输入"微软雅黑",❸单击【保存】按钮,完成主题字体的新建和应用,幻灯片会自动完成字体搭配方案的替换,完成后的效果如下图所示。

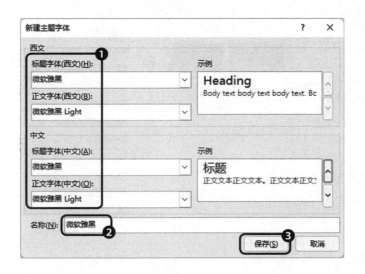

2. 修改幻灯片的配色方案

在【设计】选项卡的【变体】功能组中，❶单击下拉按钮，❷在弹出的菜单中选择【颜色】命令，❸在右侧的子菜单中选择【绿色】命令，完成幻灯片配色方案的更改。

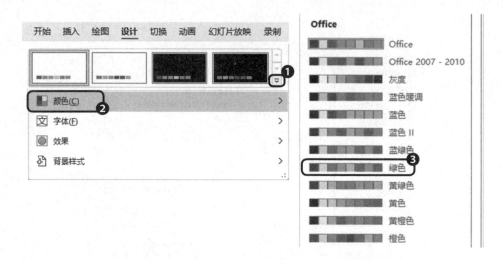

如果需要对配色方案进行自定义设置，则可以在展开的子菜单中，❶选择【自定义颜色】命令，❷在弹出的对话框中修改【着色 1】到【着色 6】的颜色，❸单击【保存】按钮。

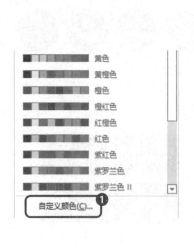
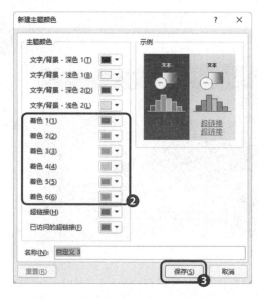

至此，年终总结演示文稿就制作完毕了，最后别忘了使用快捷键【Ctrl+S】将文件保存。

10.2 套用模板制作员工培训演示文稿

案例说明

公司有新人加入或者接到新任务时，往往需要对员工进行培训，此时就需要培训师制作相应的培训演示文稿。在培训时结合幻灯片演示，可以让培训效果更加出彩。

员工培训演示文稿制作完成后的效果如下图所示。

思路整理

PowerPoint 软件为我们提供了非常丰富的幻灯片模板，在准备好培训内容的文字稿之后，我们可以借助联机搜索功能下载现成的幻灯片模板，然后加以改造就可以得到一份合格的培训演示文稿。借助模板制作幻灯片一般包含下列工序：搜索模板、删减页面、替换内容。制作思路及涉及的主要知识点如下页图所示。

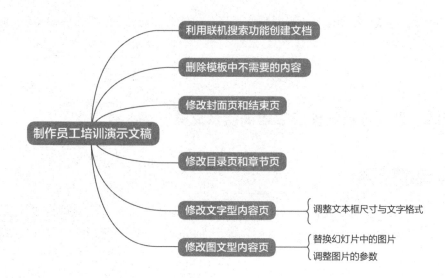

10.2.1 利用联机搜索功能创建文档

在进行幻灯片的制作前,我们需要从联机模板中找到合适的幻灯片模板,具体操作如下。

01 打开 PowerPoint 软件,❶切换到【新建】选项卡,❷在右侧的搜索框中输入关键词,这里输入"总结"二字,❸单击放大镜图标进行搜索。

02 ❶选择下页图所示的总结报告,在弹出的对话框中,❷单击【创建】按钮,此时软件就会自动下载并打开对应的模板。

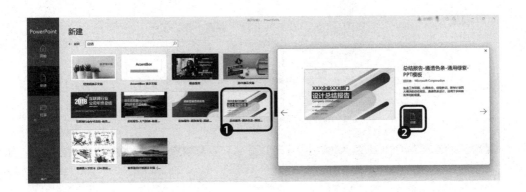

03 ❶按【F12】键打开【另存为】对话框，❷将其保存为名为"员工培训PPT"、❸文件类型为【PowerPoint 演示文稿（﹡.pptx）】的文件，❹单击【保存】按钮，完成演示文稿的保存。

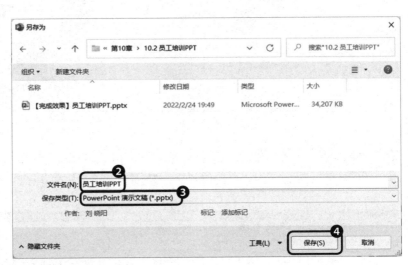

10.2.2 删除不需要的页面

对于已经下载好的幻灯片模板，我们还需要根据需求删除不需要的页面和内容才能更好地使用，具体操作如下。

01 在【视图】选项卡中单击【幻灯片浏览】图标，此时将会进入幻灯片浏览状态，如下页图所示。

02 ❶按住【Ctrl】键，选中需要删除的幻灯片页面，这里我们选择第8、10、12、13、17~22、24~25张幻灯片，❷按【Delete】键进行删除。

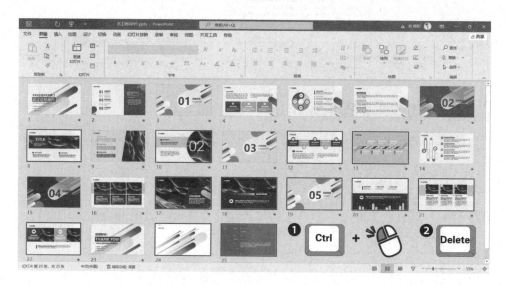

第 10 章
演示文稿的编辑与设计

03 ❶将第 6 张幻灯片移动到第 7 张幻灯片的后面，❷双击返回普通视图。

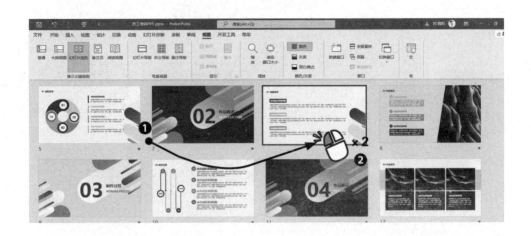

04 ❶选中第一个文本框组合，按住【Shift】键将其移动到靠近标题的位置；❷选中最后一个文本框组合，按住【Ctrl】键用鼠标向下拖曳进行复制，将复制得到的文本框组合放置到靠近幻灯片边缘的位置，效果如下图所示。

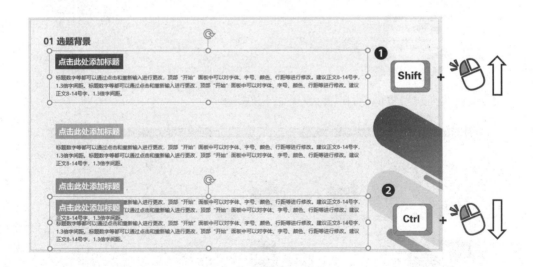

05 同时选中这 4 个文本框组合，❶在【形状格式】选项卡中单击【对齐】图标，❷在弹出的菜单中选择【纵向分布】命令，完成 4 组文本框组合的等距离排布，效果如下页图所示。

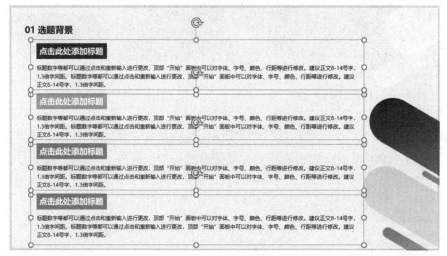

06 调整完成后整体幻灯片的效果如下图所示。

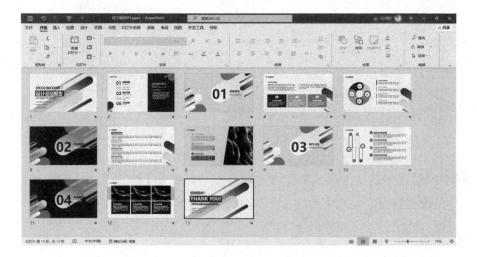

10.2.3 修改封面页和结束页

完成幻灯片页面的调整之后，就可以开始进行幻灯片封面页和结束页的内容的调整了，具体操作如下。

01 在左侧导航栏中选中封面页，将光标定位在封面页的文本框中，删除原有的文字，输入新的文字，完成后的效果如下图所示。

02 按照相同的方法，对结束页文本框中的文字进行替换，完成后的效果如下图所示。

10.2.4 修改目录页和章节页

目录页和章节页的修改也是非常简单的文字替换，具体操作如下。

▷ 替换目录页的内容

01 在左侧导航栏中选中目录页，选中页面中第 5 行的目录信息及右侧图形中的内容，使用【Delete】键将它们删除。

02 选中剩下的 4 行目录信息，将它们拖曳移动到垂直居中的位置。将培训的目录文字替换进对应的文本框，效果如下图所示。

如果觉得右侧的图形比较空，还可以插入公司 Logo 来进行修饰，效果如下图所示。

⇨ 替换章节页的内容

培训内容一共分为 4 个部分，所以要进行 4 次章节页内容的替换。这里以第一部分的章节页内容的替换为例，具体操作如下。

01 在导航栏中选中第一部分的章节页，将光标定位在章节页的标题文本框中，删除原有文字，输入第一部分的标题，完成后的效果如下图所示。

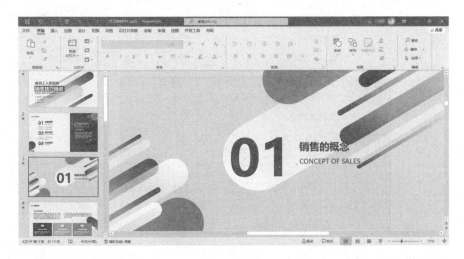

02 按照上述操作，完成第二、三、四部分的章节页内容的替换，完成后的效果如下图所示。

10.2.5 修改文字型内容页

幻灯片中有很多只需要修改文字就可以完成的幻灯片，制作的时候只需要在替换内容后调整字号即可。这里以第 4 张幻灯片为例，具体操作如下。

01 选中第 4 张幻灯片，将文字替换进去。替换的时候注意：复制完文本之后，❶直接选中待替换的文字，右键单击，❷选择【只保留文本】命令，即可保证文本效果不发生改变。

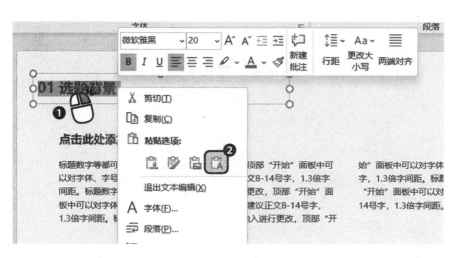

02 替换后的效果如下图所示。

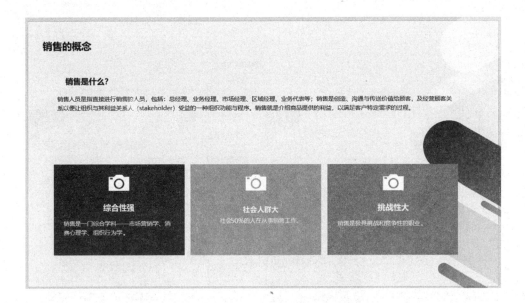

03 因为替换后的文字的量相对较少，所以为了让文字更清晰，将大标题字号设置为"24"，小标题字号设置为"20"，正文字号设置为"18"，完成后的效果如下图所示。

04 用相同的方法完成第5、7、8、10张幻灯片的文字替换，效果如下图所示。

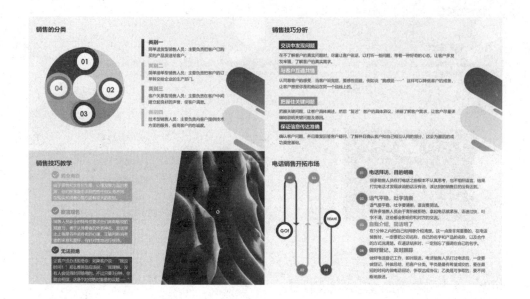

05 比较特殊的第12张幻灯片的正文字号设置为"14"，并取消下划线效果，效果如下图所示。

10.2.6 修改图文型内容页

幻灯片模板中的图片和销售培训毫不相关，我们需要将与销售培训相关的图片替换进去，具体操作如下。

01 定位到第 8 张幻灯片，选中图片后，❶右键单击，❷在弹出的菜单中选择【更改图片】命令，在右侧的子菜单中选择【来自文件】命令，❸在弹出的对话框中找到并选中名为"销售"的图片，❹单击【插入】按钮，完成图片的替换。

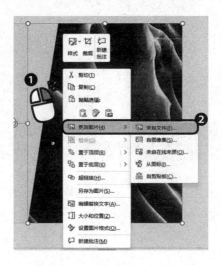

02 替换后的图片中人物左侧有太多空白,此时我们选中图片,❶在【图片格式】选项卡中单击【裁剪】图标,进入图片裁剪状态,❷拖动裁剪框让图片主体刚好完整地显示在显示区域中,❸单击非图片区域完成裁剪。

03 定位到第 12 张幻灯片,用相同的方法,依次将"不认真""猜测""不重视"3 张图片替换到幻灯片中,效果如下图所示。

至此,员工培训演示文稿就制作完成了,最后别忘了使用快捷键【Ctrl+S】保存文件。

第 11 章
动画设计与放映设置

动画是幻灯片中不可或缺的元素,可以增强演示文稿的视觉效果,使其更有吸引力。放映是设计演示文稿的最终环节,优秀的演示文稿加上完美的放映能给观众带来一次难忘的视觉享受。本章以企业宣传演示文稿的动画设计和项目路演演示文稿的放映设置两个案例为例,为读者讲解演示文稿的动画设计与放映设置。

扫码并发送关键词"秋叶三合一",观看配套视频课程。

11.1 企业宣传演示文稿的动画设计

> 📖 **案例说明** ＞＞

当公司需要为新入职员工或者外部来访者讲解企业文化时，就需要用企业宣传演示文稿进行展示。为了增强展示效果，通常需要为幻灯片添加切换效果和为页面元素添加动画。

企业宣传演示文稿制作完成后的效果如下图所示（带动画的幻灯片会有星形符号）。

> 🏁 **思路整理** ＞＞

对演示文稿进行动画设计，需要为页面元素添加动画和为幻灯片添加切换效果。而要添加动画，就需要使用动画功能；要添加切换效果，就需要使用切换功能。制作思路及涉及的主要知识点如下图所示。

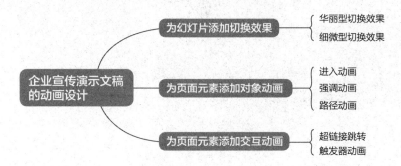

11.1.1 为幻灯片添加切换效果

幻灯片的切换效果是指在放映演示文稿时，一张幻灯片从屏幕上消失，另一张幻灯片显示在屏幕上的一种动画效果。切换效果分为华丽型、细微型和内容型。为幻灯片添加恰当的切换效果，可以使演示文稿的放映更加生动，具体操作如下。

⇨ 添加华丽型切换效果

在放映演示文稿时，如果想要在开头制造出拉开帷幕的效果，可以直接添加切换效果来实现。

01 ❶在标题幻灯片前新建一张幻灯片，并插入一张红色帷幕图片作为背景。选中第1张幻灯片，❷在【切换】选项卡中单击【切换到此幻灯片】功能组右侧的下拉按钮，❸在弹出的菜单中选择【上拉帷幕】效果，完成效果的添加。

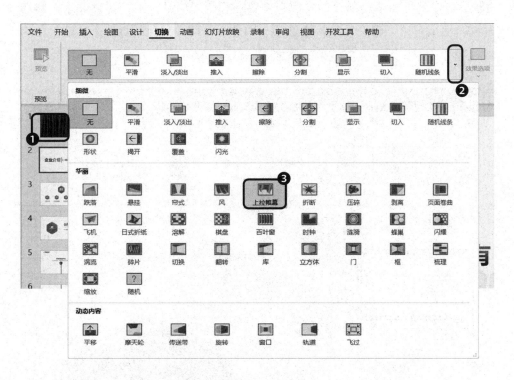

02 放映时的效果如下图所示。

切换前　　　　　　　　　切换中　　　　　　　　　切换后

▷ 添加细微型切换效果

在 PowerPoint 2021 的细微型切换效果中，有一种比较特殊的效果，它就是平滑效果。如果切换前后的幻灯片中存在相同或者相似的元素，则在进行播放的时候软件会自动将两者之间的变化效果补齐。这里以目录页和第一部分的章节页为例为大家演示，具体操作如下。

01 在目录页和第一部分的章节页中存在相同的序号元素和标题文字，❶选中第 4 张幻灯片，❷在【切换】选项卡中选择【切换到此幻灯片】功能组中的【平滑】效果，即可完成效果的添加。

02 放映时的效果如下图所示。

切换前　　　　　　　　切换中　　　　　　　　切换后

▷ **添加内容型切换效果**

PowerPoint 2021 中还有一类切换效果叫作动态内容，它会先让下一张幻灯片的背景逐渐出现，然后用相对炫酷的动态效果让幻灯片内容出现。这里以第 6 张幻灯片到第 8 张幻灯片为例，为大家演示设置【平移】效果后的无缝切换效果。

01 ❶选中第 6 张幻灯片后，按住【Shift】键，单击第 8 张幻灯片，以连续选中第 6~8 张幻灯片；❷在【切换】选项卡中单击【切换到此幻灯片】功能组右侧的下拉按钮，❸在弹出的菜单中选择【平移】效果，完成效果的添加。

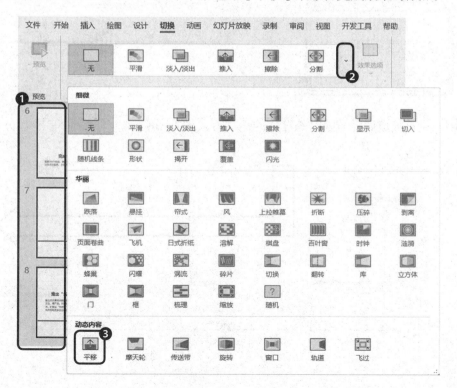

02 默认的平移效果是从页面底端往上移动的，由于第 7 张和第 8 张幻灯片中线条走向不一样，所以我们需要调整切换的效果选项。❶选中第 7 张和第 8 张幻灯片，❷在【切换】选项卡中单击【效果选项】图标，❸在弹出的菜单中选择【自右侧】命令。

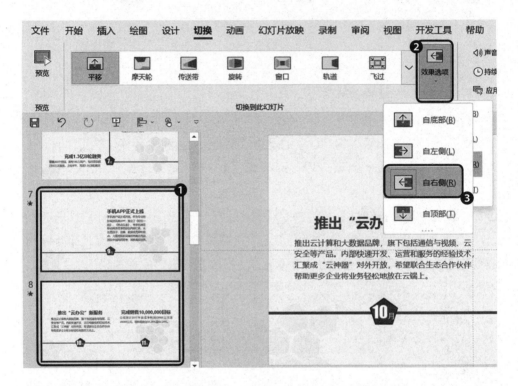

03 设置完成后，放映时幻灯片的运动方向如下图所示。

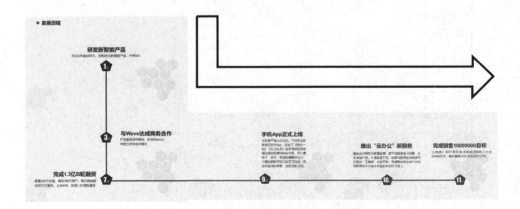

▷ 修改切换效果的参数

默认的切换触发方式为【单击鼠标时】，默认的持续时间为【自动】，切换时的声音为【[无声音]】。这些参数都可以在【切换】选项卡中的【计时】功能组中进行调整。

11.1.2 为页面元素添加对象动画

对象动画是指在幻灯片中为文本、文本框、图片和表格等元素添加的标准动画。添加对象动画可以使这些元素以不同的动态方式出现或消失在屏幕中。对象动画包括进入、强调、退出和动作路径等。为页面元素添加对象动画的具体操作如下。

1. 为元素添加进入动画

01 ❶选中目录页的"目录"文本框与图形，❷在【动画】选项卡中选择【飞入】动画，即可为元素添加"飞入"进入动画，此时元素左上角会显示对应的动画序号1，效果如下图所示。

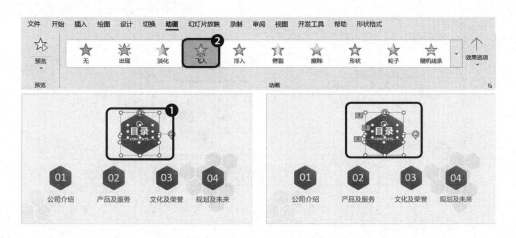

02 为了让目录中各章节标题在单击后依次浮现，❶需要单独选中每个部分的文本框和图形，❷在【动画】选项卡中选择【浮入】动画，进行动画的添加，完成后的效果如下图所示。

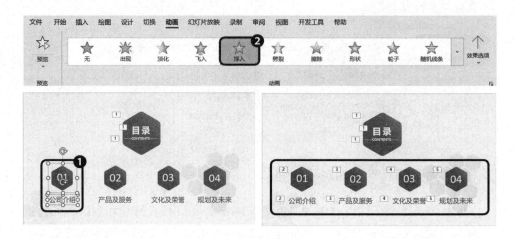

2. 设置对象动画自动播放

01 如果需要让目录页的动画自动播放，❶则选中序号为 1 的动画元素，❷在【动画】选项卡中单击【开始】右侧的下拉按钮，❸将其修改为【与上一动画同时】，此时序号将会从 1 变为 0。

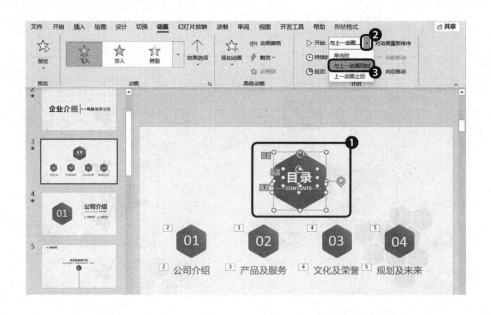

02 ❶在【动画】选项卡中单击【动画窗格】图标，❷在弹出的窗格中用鼠标拖曳动画对应的页面元素名称，将动画的顺序调整为下图所示的效果。

03 ❶在【动画窗格】窗格中选择【组合9】动画，在【动画】选项卡中将【开始】更改为【上一动画之后】；❷在【动画窗格】窗格中选择【矩形5：公司介绍】动画，将【开始】更改为【与上一动画同时】。接着依次选择下方的动画，重复上述操作，❸效果如下图所示。

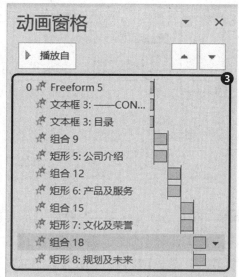

3. 为元素添加强调动画

强调动画是通过放大、缩小、闪烁、旋转等方式突出显示元素的动画。接下来将以添加第17张幻灯片的强调动画为例，为大家演示如何添加强调动画，具体操作如下。

01 ❶定位到第16张幻灯片，选中写有"2018"的形状组合，在【动画】选项卡中，❷单击【动画】功能组右侧的下拉按钮，❸在弹出的菜单中选择强调动画中的【脉冲】动画，为形状组合添加脉冲动画。

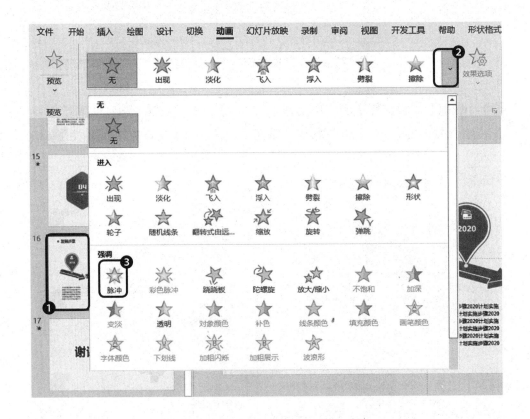

02 在【动画窗格】中，❶右键单击名为【2018】的动画，❷在弹出的菜单中选择【计时】命令；❸在弹出的【脉冲】对话框中修改重复次数为"2"，❹单击【确定】按钮，完成效果的设置。

 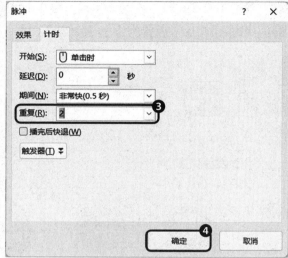

03 选中写有"2018"的形状组合,在【动画】选项卡中,❶双击【动画刷】图标,此时鼠标指针右侧会出现一个刷子图标,❷依次单击写有"2019""2020""2021"的形状组合,完成动画的复制,完成后的效果如下图所示。

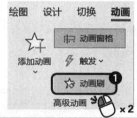

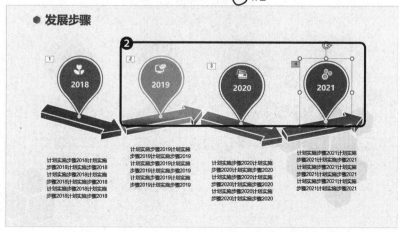

04　❶选中对应年份下方的文本框，❷在【动画】选项卡中为其添加【缩放】动画，❸将【开始】设置为【上一动画之后】。

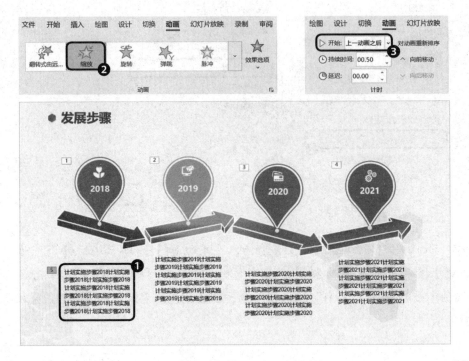

05　使用动画刷功能，将 2018 文本框的动画复制给 2019、2020、2021 对应的文本框，完成后的效果如下图所示。

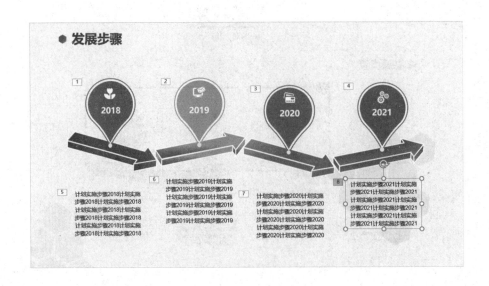

06 在【动画窗格】中调整动画的先后顺序，完成后的效果如下图所示。

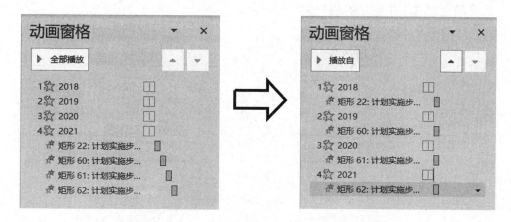

4. 为元素添加路径动画

路径动画是让元素按照绘制的路径运动的一种动画。使用路径动画可以实现幻灯片内元素运动的效果。这里以第14张幻灯片为例，演示路径动画的添加。

01 ❶在第14张幻灯片中选中左下角的图片，❷在【动画】选项卡中单击【添加动画】图标，❸在弹出的菜单中选择【循环】动画，❹将【开始】设置为【上一动画之后】。

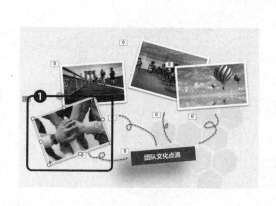

02 重复上述操作，从左往右依次为剩余的 3 张图片设置相同的动画，完成后【动画窗格】中显示的效果如下图所示。

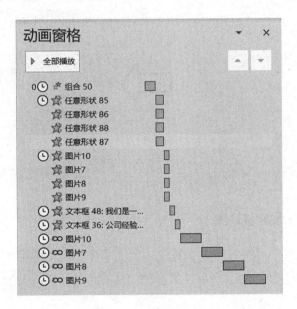

03 在【动画窗格】中选中最后 4 个动画，将它们移动到对应元素的动画之后，完成后的效果如下图所示。

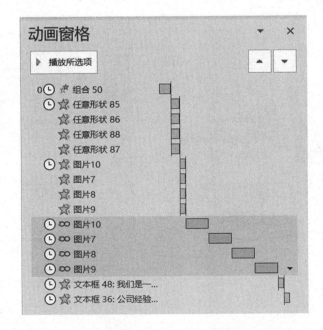

11.1.3 为页面元素添加交互动画

交互动画可以分为超链接动画和触发器动画。交互动画常用在目录页中，单击某个目录元素便跳转到对应的页面。这里以目录页为例，演示添加超链接交互动画。

1. 添加超链接动画

01 定位到目录页，❶选中"产品及服务"文本框，❷在【插入】选项卡中单击【链接】图标，❸在弹出的对话框中切换到【本文档中的位置】，❹在右侧选择【10.幻灯片10】选项，❺单击【确定】按钮，即可完成添加。

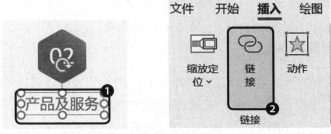

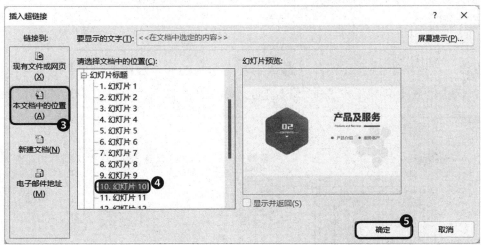

02 重复上述操作，将目录页中的"文化及荣誉"和"规划及未来"分别链接到第13张幻灯片和第16张幻灯片。完成后，在非放映状态时将鼠标指针放在对应的位置会显示"幻灯片 × 按住 Ctrl 并单击可访问链接"的提示。

2. 添加触发器动画

触发器动画，顾名思义就是只有单击对应的元素才能让对应的动画开始播放或停止。这里以为第 11 张幻灯片设置触发器动画为例进行演示，例如我们想要实现：单击产品图片，产品图片单独放大，而其他图片消失，再单击一次产品图片，就恢复如初，可以这样操作。

01 定位到第 11 张幻灯片，❶选中左上角的图片，❷在【动画】选项卡中单击【动画】功能组右侧的下拉按钮，❸选择强调动画中的【放大/缩小】动画。

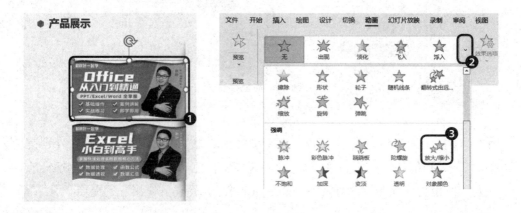

02　❶在【动画窗格】中右键单击对应的动画，❷在弹出的菜单中选择【效果选项】命令，❸在对话框中单击【尺寸】右侧的下拉按钮，❹修改尺寸为【自定义：150%】，❺单击【确定】按钮完成设置。

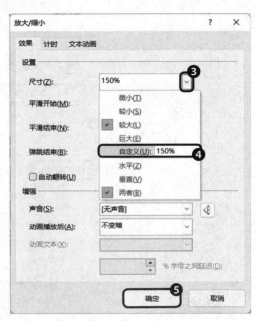

03　❶按住【Ctrl】键，选中除左上角的图片外的所有元素，❷在【动画】选项卡中单击【动画】功能组右侧的下拉按钮，❸选择退出动画中的【淡化】动画。

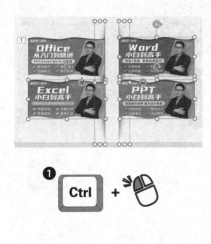
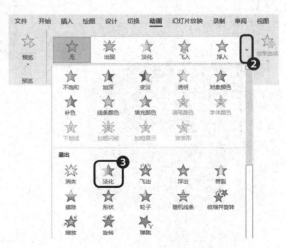

04 ❶在【动画窗格】中选中所有动画，❷在【动画】选项卡中单击【触发】图标，❸在弹出的菜单中选择【通过单击】命令，❹选择【双波形 112】命令，❺并将【开始】设置为【与上一动画同时】，❻将【持续时间】统一修改为"01.00"。这样即可实现单击左上角的产品图片，产品图片会单独放大，而其余元素消失的效果了。

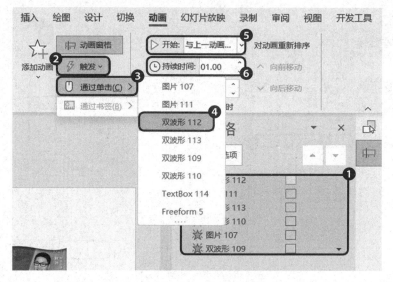

05 ❶再次选中左上角的图片，❷在【动画】选项卡中单击【添加动画】图标，❸在弹出的菜单中选择强调动画中的【放大/缩小】动画。

06 ❶在【动画窗格】中右键单击对应的动画,❷在弹出的菜单中选择【效果选项】命令,❸修改【尺寸】为【自定义:66.67%】,❹单击【确定】按钮完成设置。

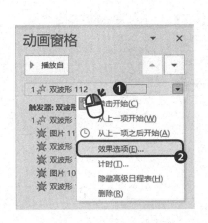

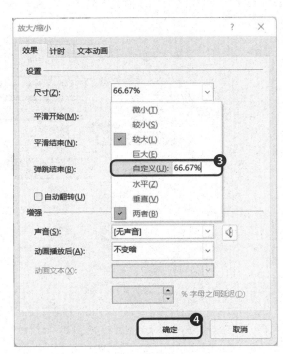

07 ❶选中除左上角的图片外的所有元素,❷在【动画】选项卡中单击【添加动画】图标,❸在弹出的菜单中选择进入动画中的【淡化】动画。

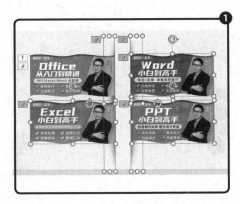

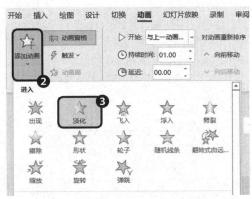

08　❶在【动画窗格】中选中所有动画，❷在【动画】选项卡中单击【触发】图标，❸在弹出的菜单中选择【通过单击】命令，❹选择【双波形112】命令，❺并将【开始】设置为【与上一动画同时】，❻将【持续时间】修改为"01.00"。

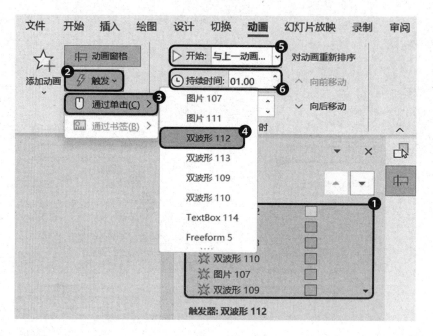

09　❶选中第2个【双波形112】动画，❷将【开始】设置为【单击时】。

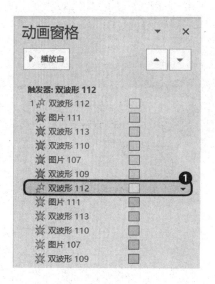

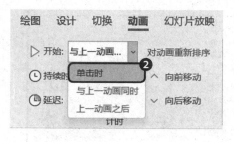

对象动画不仅有展开的菜单中展示的那些。在【动画】选项卡中，单击【动画】功能组右侧的下拉按钮后，在弹出的菜单中选择【更多进入效果】【更多强调效果】【更多退出效果】【其他动作路径】命令，可以看到更多效果，这些动画的使用还请各位读者自行探索。

11.2 项目路演演示文稿的放映设置

案例说明

项目路演就是企业或创业代表在讲台上向投资方讲解项目属性、发展计划或融资计划的一种汇报形式。面对不同的演示对象，项目路演演示文稿的放映设置需要根据情况进行灵活调整，以获得最佳的演示效果。

项目路演演示文稿制作完成后的效果如下图所示。

思路整理

完成了项目路演演示文稿制作之后，如果担心忘记页面中重要的讲解内容，可以为其添加备注，借助正确的放映模式来进行演示。还应该了解面对不同的观众，如何设置多种放映顺序，最后如果演示文稿需要提交，还需要知道如何正确导出演示文稿。制作思路及涉及的主要知识点如下页图所示。

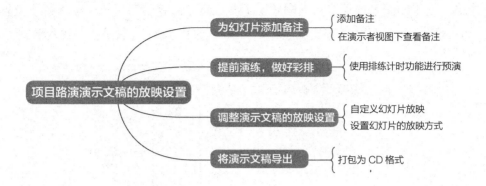

11.2.1 为幻灯片添加备注

在使用演示文稿进行演讲时，可以在幻灯片内添加备注。可设置让备注在演讲者的电脑中显示，提示演讲者相关内容，但不在放映的屏幕上显示。这里以第一页封面页为例，为大家演示如何添加备注，具体操作如下。

1. 添加只有演讲者可以看到的备注

01 ❶定位到第1张幻灯片，❷在软件窗口下方的状态栏中单击【备注】按钮，即可打开备注窗格。

02 在【视图】选项卡中，❶单击【备注页】图标，即可直接进入备注页视图；❷备注页视图中的编辑区上方是当前幻灯片，❸下方就是备注输入框。

第 11 章
动画设计与放映设置

03 返回普通视图,在备注窗格中输入备注内容,效果如下图所示。

2. 进入演示者视图查看备注

完成备注的输入之后,如果想要让备注更好地辅助演讲,还需要对幻灯片的放映进行正确的设置,具体做法如下。

01 在【幻灯片放映】选项卡中单击【从头开始】图标,开始放映。

02 ❶右键单击幻灯片，❷在弹出的菜单中选择【显示演示者视图】命令。

03 进入演示者视图之后，显示效果如下图所示。左侧是当前幻灯片及对应的演示工具，右侧上方是下一张幻灯片，右侧下方则是备注显示区域。

04 如果觉得各个区域的显示比例不合理，则可以拖动分界线调整显示比例，如下图所示。

> **小贴士**
> 如果演示的时候连接了另外一台显示设备，❶则可以使用快捷键【Windows+P】，❷将投影模式调整为【扩展】，这样再开启演示者视图时，就可以在一个屏幕中正常显示幻灯片，在另一个屏幕中显示演示者视图了。

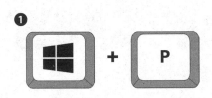

11.2.2 提前演练,做好彩排

在正式进行路演之前,我们需要熟悉幻灯片中的内容,一次又一次地进行彩排,来发现演示过程中可能会出现的问题,从而及时调整。这个时候就可以借助 PowerPoint 软件中的排练计时功能,将演示效果好的流程保存下来,供后续使用,具体操作如下。

01 在【幻灯片放映】选项卡中,❶单击【排练计时】图标,此时幻灯片会自动进入放映状态,❷在左上角会出现【录制】对话框进行计时和录制。

第 11 章
动画设计与放映设置

02 在放映过程中，我们可以使用左下角的工具栏中的各种演示工具，如激光笔、荧光笔、放大镜等来辅助演示的进行。

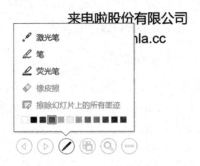

03 完成幻灯片的放映后，软件会自动弹出对话框询问是否保留计时，如果演示过程顺畅无阻，则单击【是】按钮。

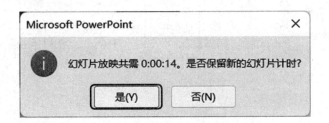

04 保存计时后，在【视图】选项卡中单击【幻灯片浏览】图标，就可以在每一张幻灯片下看到具体的演示时间。

11.2.3 调整演示文稿的放映设置

在放映幻灯片的过程中，演讲者可以对幻灯片放映内容的数量、顺序，放映的选项等进行调整，以满足不同的需求。

⇨ 放映内容的顺序与数量的设置

如果需要从头开始放映幻灯片，❶则可以直接使用【F5】键（笔记本电脑用户可能需要使用快捷键【Fn+F5】），❷也可以直接在【幻灯片放映】选项卡中单击【从头开始】图标。

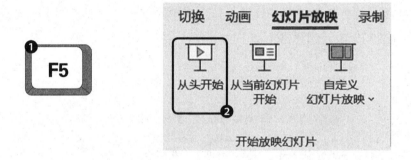

如果需要从某一张幻灯片开始放映，则需要先在左侧导航栏中定位到该幻灯片，❶使用快捷键【Shift+F5】，或者❷在【幻灯片放映】选项卡中单击【从当前幻灯片开始】图标。

面对不同观众对演示内容的不同需求，例如有的观众更侧重听路演中的行业分析，而有的观众更想先了解路演团队，这个时候我们可以提前设置多种幻

灯片放映的方案。这里以先介绍行业分析，后介绍路演团队为例，进行幻灯片放映方案设置的演示。

01 ❶在【幻灯片放映】选项卡中单击【自定义幻灯片放映】图标，❷在弹出的菜单中选择【自定义放映】命令；❸在【自定义放映】对话框中单击【新建】按钮，弹出【定义自定义放映】对话框。

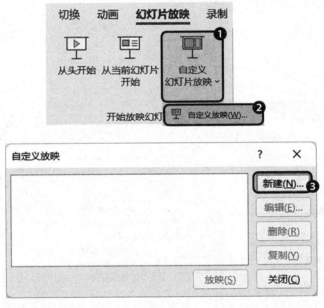

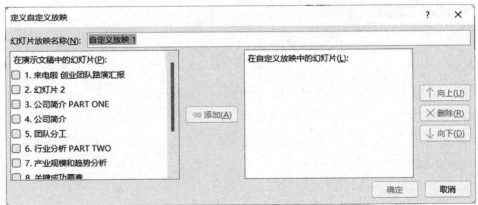

02 ❶修改【幻灯片放映名称】为"侧重行业分析",❷在对话框中勾选幻灯片1、2、6、7、8,❸单击【添加】按钮,将其添加到右侧;❹勾选幻灯片3、4、5、9、10、11,❺单击【添加】按钮,❻最后单击【确定】按钮,完成幻灯片放映方案的设置。

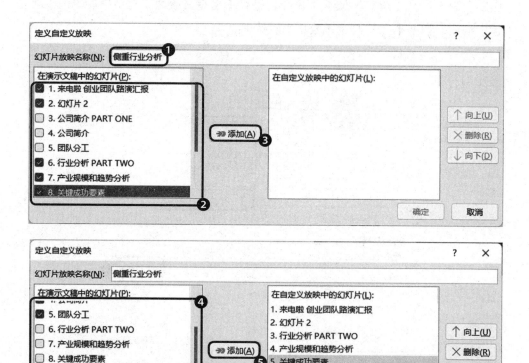

03 返回【自定义放映】对话框,❶选择【侧重行业分析】这一方案,❷单击【放映】按钮,就可以让幻灯片按照上述步骤中设置的顺序播放。如果不小心关闭了对话框,则可以❸单击【自定义幻灯片放映】图标,❹在弹出的菜单中直接选择对应的方案进行放映。

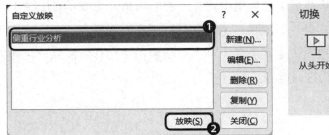

⇨ 设置幻灯片放映

除了放映内容的数量及顺序可以调整之外，在【设置放映方式】对话框中我们还可以对放映的参数进行调整。

在【幻灯片放映】选项卡中单击【设置幻灯片放映】图标，打开【设置放映方式】对话框。

可以根据需求在【放映类型】选项组中调整放映的类型。【演示者放映】选项表示演示者自行控制幻灯片的放映；【观众自行浏览】选项表示在当前大小的窗口下进行幻灯片的放映；【在展台浏览】选项表示让幻灯片按照设置好的顺序自动播放，无法人为进行操控。

在【放映选项】选项组中，可以根据需求勾选对应的选项。例如，如果想让幻灯片循环播放，可以勾选【循环放映，按 ESC 键终止】选项；如果不想让幻灯片中的动画播放，可以勾选【放映时不加动画】选项，这样就可以既保留动画又不显示动画。

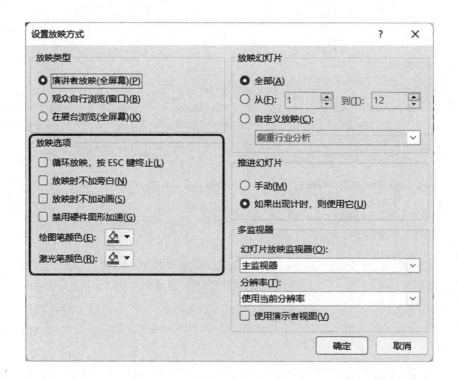

在【放映幻灯片】选项组中可以放映幻灯片的设置数量、顺序；在【推进幻灯片】选项组中可以设置幻灯片的换片时间；在【多监视器】选项组中可以设置在连接多个显示器时，幻灯片在哪个显示器上放映。

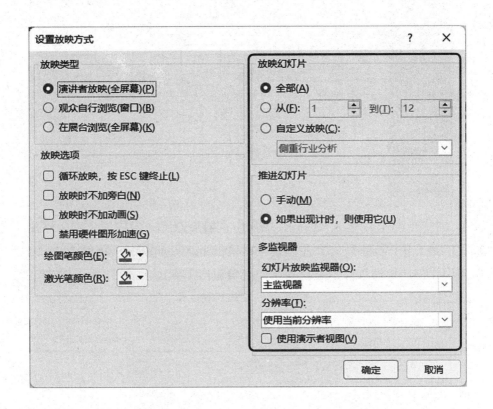

11.2.4 将演示文稿导出

完成路演演示文稿的放映设置之后，如果需要将演示文稿拿到其他电脑上进行演示，但担心其他电脑上没有安装相同版本的软件而导致放映效果丢失，就可以选择将演示文稿和播放器一起打包成 CD，具体操作如下。

01 单击【文件】选项卡，❶切换到【导出】选项卡，❷在右侧的界面中选择【将演示义稿打包成 CD】命令，❸单击【打包成 CD】按钮。

02 在弹出的【打包成 CD】对话框中，❶修改 CD 名称为"项目路演汇报"；为了保护打包后的文件，❷可以单击【选项】按钮，❸在弹出的对话框中设置打开和修改演示文稿的密码，❹单击【确定】按钮，返回【打包成 CD】对话框。

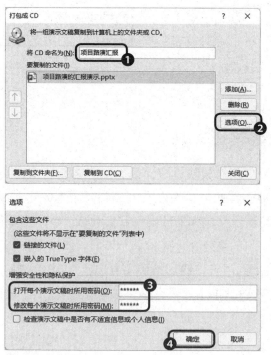

03 ❶单击【复制到文件夹】按钮,在弹出的对话框中,❷修改【文件夹名称】为"项目路演汇报",❸单击【浏览】按钮,❹选择素材文件夹中的"打包文件保存位置"文件夹,❺单击【选择】按钮。

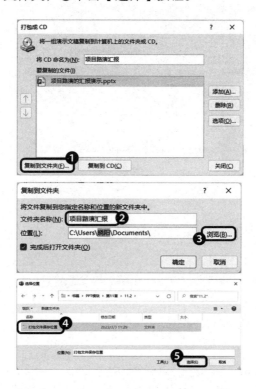

04 返回【复制到文件夹】对话框,❶单击【确定】按钮,软件会弹出提示,询问是否要在包中包含链接文件,❷单击【是】按钮,接着就会自动进行文件的打包。

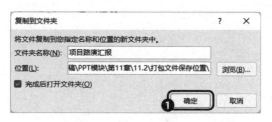

05 打包后会得到下图所示的文件夹及文件，将文件夹整体通过 U 盘或者网络复制到其他电脑中，双击文件夹中的演示文稿就可以进行播放了。